Karin Heller

StoffPuppen

Liebenswerte Modelle selbermachen

FALKEN VERLAG

ISBN 3 8068 5150 6

Titelbild und Fotos:
Photo-Design-Studio
Gerhard Burock,
Wiesbaden-Naurod
Zeichnungen: Rolf Dähler,
Bad Schwalbach

Satz: LibroSatz, Kriftel
Druck: Neef, 3120 Wittingen

817 2635 4453 6271

Inhalt

Titel: ***Puppenküche***
Seite 1: ***Spielende Kinder***
Seite 2: ***Am Kleiderschrank***
Seite 5: ***Auf der Bank***

Neue Schuhe

Puppen zum Sammeln und Liebhaben

Herzlich willkommen im Kreise der Puppenmacherinnen und Puppenmacher. Lassen Sie sich verzaubern vom Reiz, ein kleines Geschöpf herzustellen, das den Namen Puppe trägt.
Die vorgestellten Puppen sind für Kinder ab 2 Jahren geeignet. Ihre Liebhaber kennen aber keine Altersgrenze.
Mit diesem Buch möchte ich Ihnen Schritt für Schritt die Arbeitsweise des Puppenmachens näherbringen. Ich würde mich freuen, wenn auch Sie am Puppenmachen Gefallen finden.
Sie benötigen dazu keine aufwendigen Geräte oder größere Anschaffungen. Es reicht vielmehr aus, wenn Sie mit etwas handwerklicher Begabung und Freude die Arbeit beginnen.
Es ist ein Erlebnis für Kinder, wenn sie am Entstehen ihrer Puppe teilhaben können. Dabei kann ganz individuell auf das Alter und die Wünsche der Kinder eingegangen werden. Kleine Kinder haben andere Ansprüche an ihre Puppe als die größeren. So kann bei einem Kleinkind am Anfang das Gesicht der Puppe unbemalt bleiben, bis es selbst nach Augen, Nase und Mund fragt. Auch der Wunsch nach schönen langen Haaren zum Frisieren kann erfüllt werden.
Vielleicht regt Sie das Buch auch an, eine eigene kleine Puppensammlung aufzubauen? Sie werden erleben, daß Ihnen beim Arbeiten viele Gestaltungsideen in den Sinn kommen.
Machen Sie sich und anderen eine kleine Freude, die in unserer hektischen Welt mehr denn je an Bedeutung gewinnt.
Ich hoffe sehr, daß ich mit diesem Buch einen praktischen Teil dazu beitragen kann, und wünsche Ihnen bei der Herstellung Ihrer Puppen ein gutes Gelingen.

Herzlichst Ihre

Für wen mache ich eine Puppe?

Die Entscheidung, für wen Sie die Puppe machen, ist ausschlaggebend für die Puppengröße und die Ausstattung der Puppe.
Soll die Puppe für ein Kind angefertigt werden, so schlage ich Ihnen vor, die Puppengröße 45 cm zu wählen. Kinderhände können leichter mit dieser Größe umgehen. Für sie wird eine Puppe dann interessant, wenn die Puppe an- und ausgezogen, gekämmt und überall hin mitgenommen werden kann. Gerade zum Spielen eignet sich der Puppentyp in 45 cm Größe.
Wichtig ist auch die Wahl der Perücke. Sie haben die Auswahl zwischen Kunsthaarperücken, Echthaarperücken oder Toscaner Lammfell. Das Toscaner Lammfell eignet sich besonders für Kleinkinder, da es zum Schmusen und Streicheln einlädt. Durch den dichten und festen Haarwuchs verliert dieses Fell keine Haare. Dies ist besonders bei Kleinkindern wichtig, da bei ihnen bekanntlich alles erst einmal in den Mund wandert. Ist Ihr Kind schon größer, so hat es bestimmt viel Spaß am Kämmen und Frisieren. Sollte dies der Fall sein, so empfehle ich die Kunsthaarperücke. Diese Perücke läßt sich leicht frisieren und auch waschen.
Die Echthaarperücken zeichnen sich durch ihren natürlichen Haarglanz und ihre besondere Knüpftechnik aus. Sie verleihen den handgearbeiteten Puppen einen besonderen Wert. Im Kapitel »Perücken« wird noch einmal alles Wissenswerte über die verschiedenen Perückentypen aufgezeigt und auf Pflege und Frisiervorschläge eingegangen.
Wenn Sie sich einen alten Kindheitstraum von Ihrer »Wunschpuppe« erfüllen wollen, so sind Sie nun in der Lage, sich diese Puppe mit dem beschriebenen Material herzustellen. Mit echten Haaren, liebevoller Kleidung und Accessoires sind die 45 cm großen Puppen in Ihrer angehenden Puppensammlung Ihre »großen Kinder«. Die 35 cm großen Puppen könnten deren kleinere Geschwister darstellen. Lassen Sie Ihrer Phantasie freien Lauf, so sind Sie bald stolzer Besitzer einer eigenen kleinen Puppensammlung.

Auf dem Klassenfoto sehen Sie, wie durch die Wahl der Kleidung und Perücken jedes Puppenkind ein individuelles Aussehen bekommt.

Materialbeschreibung

Der Fachhandel bietet *Kunststoffmasken* mit unterschiedlichen Gesichtsausdrücken an, die mit verschiedenen Vornamen, zum Beispiel »Linda«, »Hanna«, »Peter« bezeichnet sind. Falls Sie das Beziehen und Bemalen der Maske nicht selbst machen möchten, können Sie alternativ die bereits fertige Puppenmaske kaufen. Achten Sie beim Kauf der Puppenmaske auf deren Größe. Körperschnitt und Größe der Puppenmaske sollten in den Proportionen zueinander passen.

Durch den Einbau einer *Kopfmechanik* wird die Puppe noch natürlicher. Die Kopfmechanik besteht aus einem Körper- und Kopfteil sowie einem passenden Rundgummi und zwei Faltankern.

Wenn Sie eine Puppe ohne Kopfmechanik machen, benötigen Sie als »Rückgrat« eine *Stricknadel* in der Stärke Nummer 4 und eine Wattekugel, die einen Durchmesser von 30 mm haben sollte.

Für Kopf und Körper verwenden Sie einen *Feintrikot*. Den Stoff gibt es als Meterware oder in Abschnitten von 25 cm zu kaufen. Diese sind ausreichend für eine Puppengröße von 45 cm. Durch seine besondere Wirkart ist der Stoff sehr elastisch und läßt sich in alle Richtungen dehnen.

Die Auswahl der *Bastelwatte* ist groß. Sie benötigen eine langfaserige Acrylwatte. Dies ermöglicht Ihnen ein Stopfen ohne »Knubbel«. Die Watte ist waschbar und richtet sich nach dem Waschen wieder auf.

Beim Kauf der *Perücke* sollten Sie unbedingt auf Qualität und Verarbeitung achten. Es gibt Perücken aus verschiedenen Kunstfasern und aus echten Haaren. Achten Sie beim Kauf auf die Dichte der Haare, die natürliche Haarfarbe und den Schnitt sowie die Pflegemöglichkeiten.
Beim *Fell* ist es wichtig, daß dieses nicht haart. Dies ist bei Kanin und anderen Fellarten oft der Fall, ein Toscaner Lammfell haart nicht.

Zum Bemalen der Augen, Lippen und Nase eignet sich besonders eine *Farbe*, die auf Acrylbasis hergestellt ist. Im Fachhandel wird sie als »Puppenmalfarbe« bezeichnet.

Nehmen Sie zum Bemalen von Augen, Nase und Mund einen *Rotmarder-Pinsel* in der Stärke 00.

Die Wimpern der Puppen können Sie entweder aufmalen, oder Sie kleben gekaufte Wimpern vorsichtig an.

Zum Bekleben der Maske empfehle ich Ihnen einen *Weißleim*, der nach dem Trocknen transparent wird. Es gibt auch einen speziellen »Puppenkleber«.

Außer den üblichen Nähutensilien wie *Stecknadel*, *Nähnadel* und *Schere* braucht man *Nähmaschinenfaden* in Hautfarben und *Sternchenzwirn* in der gleichen Farbe.

Bei der Aufstellung Ihrer Einkaufsliste müssen Sie unterscheiden zwischen
- Material für eine Puppe, die Sie von Grund auf selbst fertigen, oder
- Material für eine Puppe, das schon vorgearbeitet ist.

Entscheiden Sie daher, was Sie sich zu Anfang selbst zutrauen.

Einkaufsliste

Material ohne vorbereitete Teile

- 1 Kunststoffmaske, unbezogen
- 1 Kopfmechanik oder Stricknadel Stärke Nr. 4
- 1 Wattekugel 30 mm ∅
- 25 cm Feintrikot im Schlauch 160 cm breit
- 200 g langfaserige Acrylwatte
- Perücke oder Fell
- Augenmalfarbe und Pinsel
- Puderrouge
- Weißleim oder Kleber
- Zwirn, Nadel, Schere
- hautfarbenes Nähgarn

Dem Anfänger empfehle ich, noch eine zweite Kunststoffmaske zum Üben der Bemalung zu kaufen.

Material mit vorbereiteten Teilen

- 1 Kunststoffmaske bereits bezogen und bemalt
- 1 Kopfmechanik oder Stricknadel Nr. 4
- 1 Wattekugel 30 mm ∅
- 1 genähten Puppenkörper
- 200 g langfaserige Acrylwatte
- Perücke oder Fell

Die Nähmaschine; Beschreibung Seite 52

Zuschneiden der Körperteile

Bevor Sie mit dem Zuschneiden und Nähen beginnen, legen Sie zunächst Puppengröße und Gesichtsform fest und suchen den entsprechenden Schnitt aus.
Verwenden Sie zum Kopieren der im Buch angegebenen Schnitteile Transparentpapier. Legen Sie das Papier auf, und zeichnen Sie die Nählinien mit einem Stift nach. Anschließend werden die Teile ausgeschnitten und auf den Stoff gelegt.
Der Baumwolltrikot wird im Handel üblicherweise als Schlauchware angeboten und hat eine Breite von 1,20/1,40 oder 1,60 Meter. Schneiden Sie den Stoff auseinander, und legen Sie zunächst das Kopfteil sowie das Vorderteil und Rückteil des Körpers auf die rechte Stoffseite. Achten Sie dabei auf den Fadenlauf des Stoffes.
Zeichnen Sie die Schnittkonturen mit einem Kugelschreiber nach. Vermerken Sie auch genau die Plazierung der Abnäher, und schneiden Sie die Teile aus. Die Abnäher lassen sich leichter nähen, wenn Sie diese nicht ausschneiden, sondern nur zusammenfalten. Nach dem Nähen kann der überflüssige Stoff abgeschnitten werden.
Der Rest des Trikotstoffes wird nun links auf links doppelt gelegt. Zeichnen Sie zweimal die Arme sowie zweimal die Beine auf den Stoff, und schneiden Sie die Teile aus.

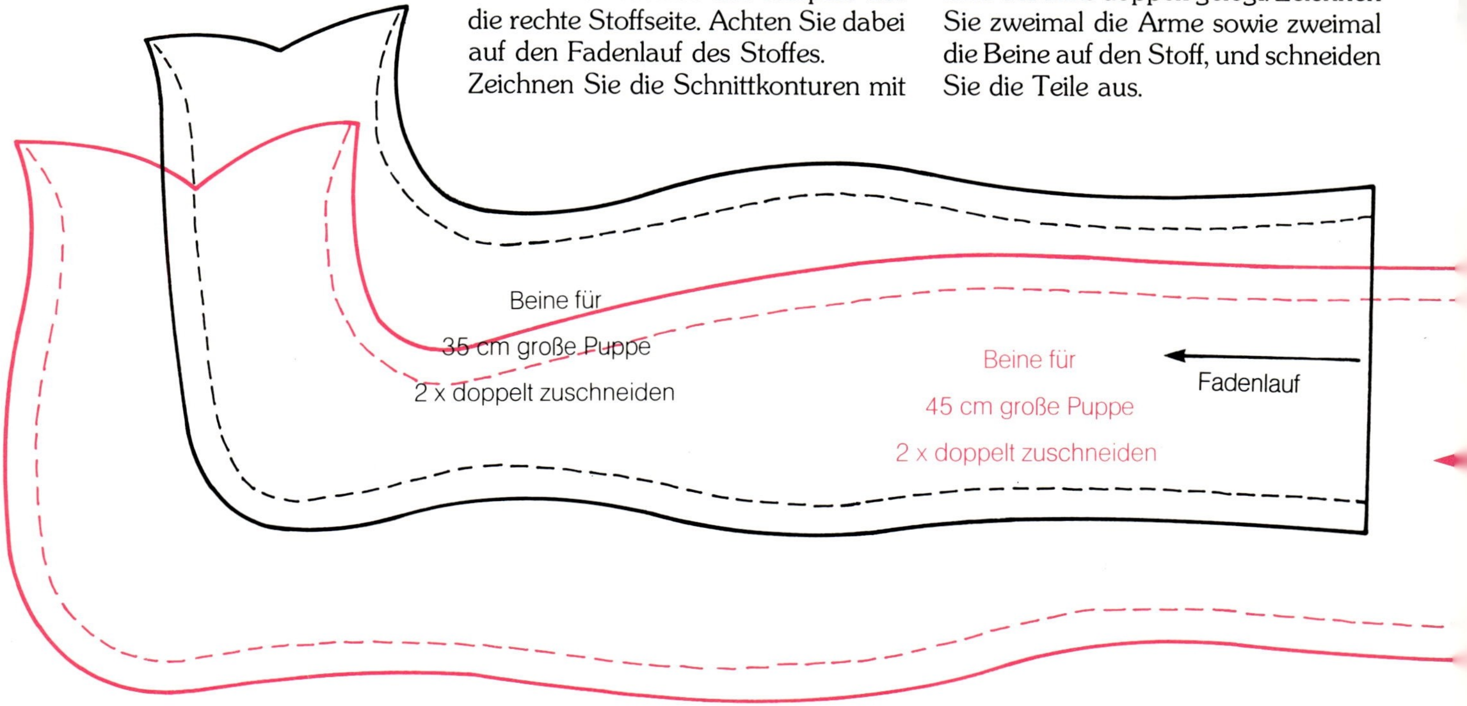

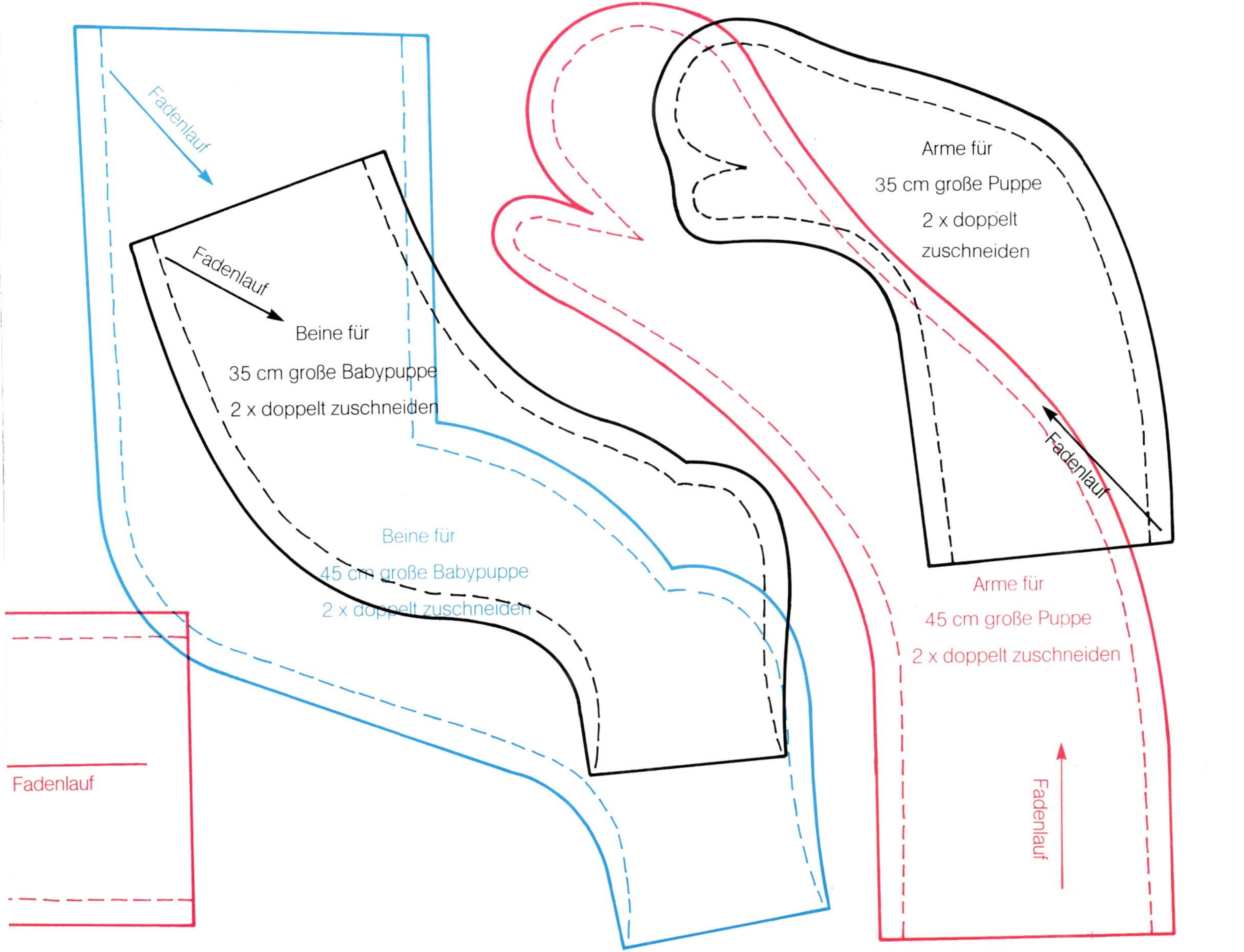
Fadenlauf
Fadenlauf
Beine für
35 cm große Babypuppe
2 x doppelt zuschneiden
Beine für
45 cm große Babypuppe
2 x doppelt zuschneiden
Fadenlauf
Arme für
35 cm große Puppe
2 x doppelt
zuschneiden
Fadenlauf
Arme für
45 cm große Puppe
2 x doppelt zuschneiden
Fadenlauf

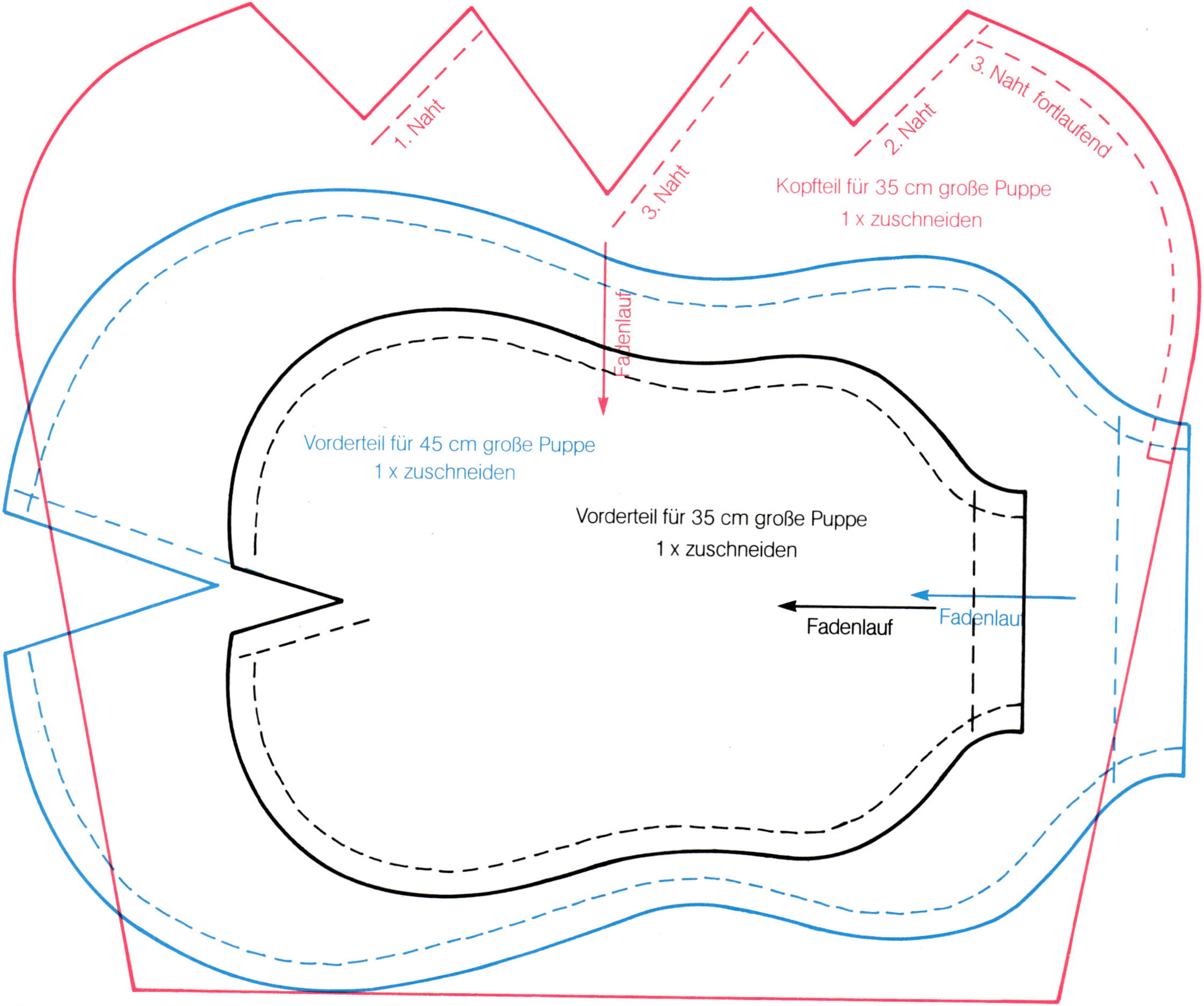
1. Naht
3. Naht
2. Naht
3. Naht fortlaufend
Kopfteil für 35 cm große Puppe
1 x zuschneiden
Fadenlauf
Vorderteil für 45 cm große Puppe
1 x zuschneiden
Vorderteil für 35 cm große Puppe
1 x zuschneiden
Fadenlauf
Fadenlauf

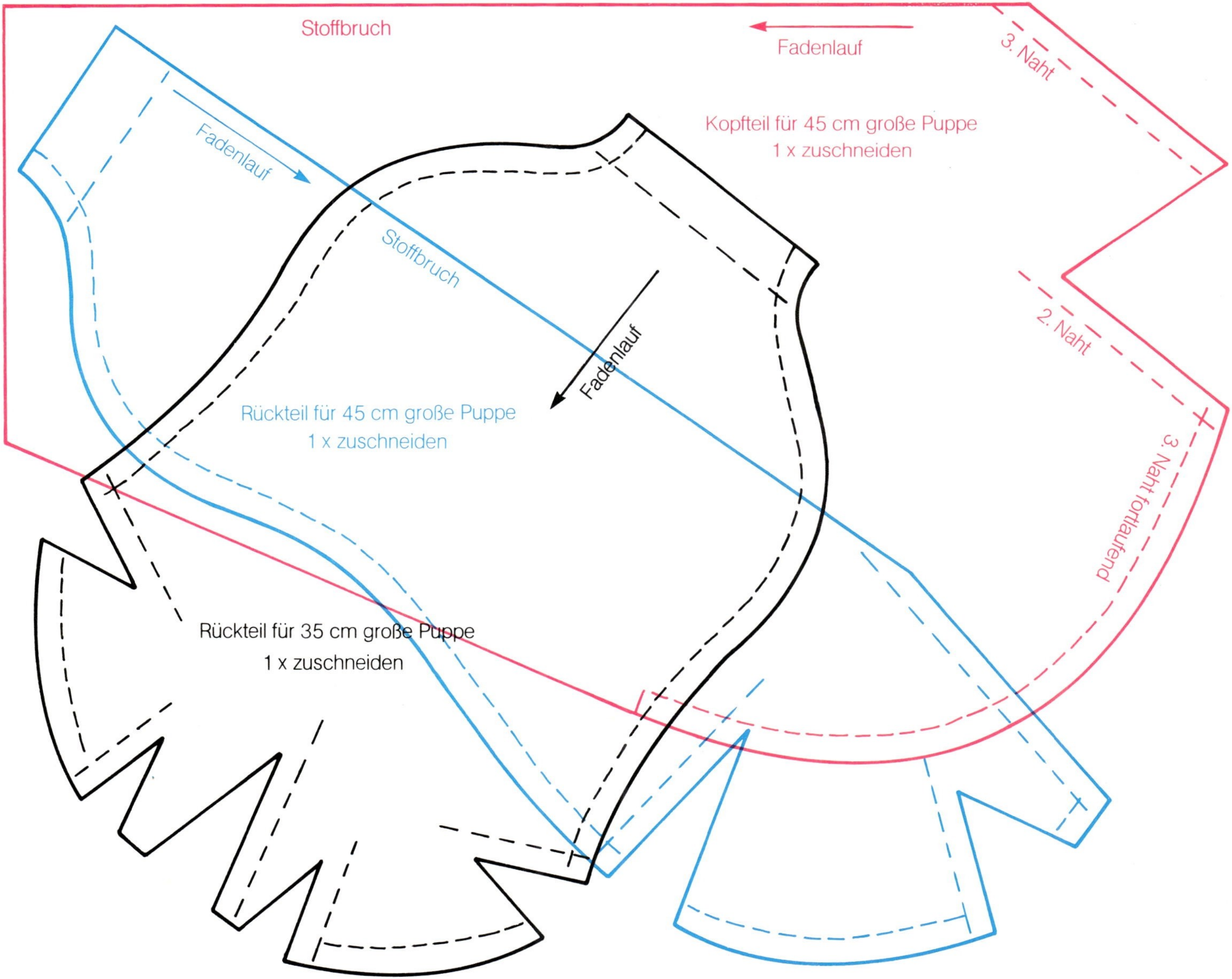
Stoffbruch
Fadenlauf
3. Naht
Kopfteil für 45 cm große Puppe
1 x zuschneiden
Fadenlauf
Stoffbruch
Fadenlauf
2. Naht
Rückteil für 45 cm große Puppe
1 x zuschneiden
3. Naht fortlaufend
Rückteil für 35 cm große Puppe
1 x zuschneiden

Nähen und Stopfen der Puppe

Nachdem Sie die Teile zugeschnitten haben, legen Sie die zusammengehörigen Teile rechts auf rechts aufeinander, und stecken Sie sie mit Stecknadeln fest. Achten Sie beim Stecken darauf, daß die Nadeln quer zur Nahtlinie gesteckt werden; das Nähen ist dann einfacher.
Dem Anfänger rate ich, vor dem Nähen die Teile aufeinander zu heften. Verwenden Sie zum Nähen eine neue Nähmaschinennadel, da eine stumpfe Nadel zu große Löcher in den Trikot stechen kann.
Noch besser ist es, wenn Sie eine Jerseynadel einsetzen. Das Garn sollte farblich passend zum Stoff gewählt werden. Alle Teile werden nun entlang der Nahtlinie genäht. Sie können sicherheitshalber alle Teile 2mal nähen, da der Stoff beim Stopfen sehr beansprucht wird und eine einfache Naht leicht aufreißen kann.
Das Däumchen läßt sich exakter nähen, wenn die Nahtlinie mit Kugelschreiber markiert ist. Schneiden Sie nach dem Nähen die Nahtzugabe kurz ein, damit die Rundung nach dem Wenden besser herauskommt.
Nun wenden Sie alle Teile auf die rechte Seite, und beginnen Sie mit dem Stopfen.

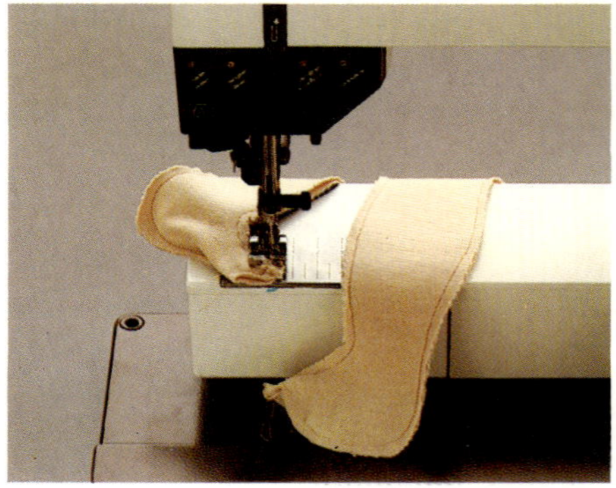

Es ist völlig ausreichend, wenn Sie die Teile mit dem geraden Stich zusammennähen. Achten Sie auf die Nahtlinie, damit beide Teile gleich groß werden.

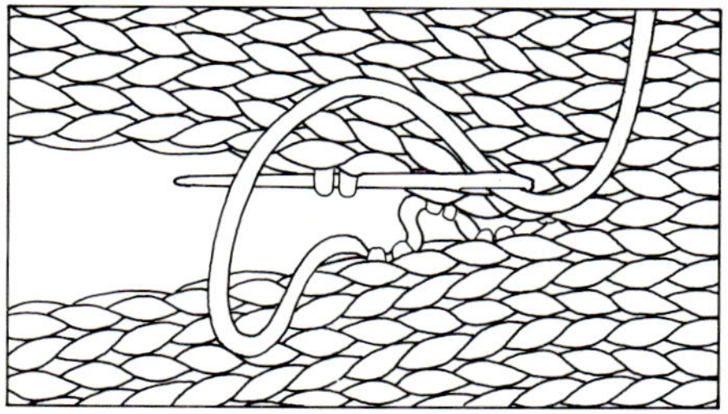

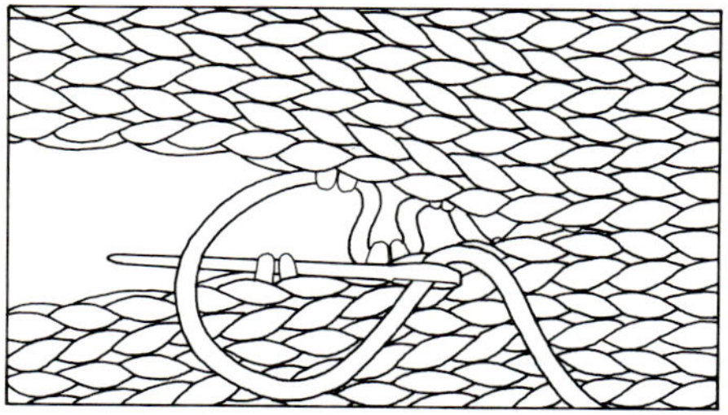

***Matratzenstich.** Die Teile nebeneinander legen. Mit einer Stopfnadel ohne Spitze die Randmaschen beider Teile auffassen und abwechselnd von links nach rechts und rechts nach links den Faden durchziehen.*
Diesen Stich brauchen Sie für alle Nähte, die nicht mit der Maschine genäht werden.

Für ein Beinchen die volle Breite der Watte jeweils in der Länge des Beinchens abschneiden. Anschließend für das zweite Beinchen dieselbe Menge abschneiden.

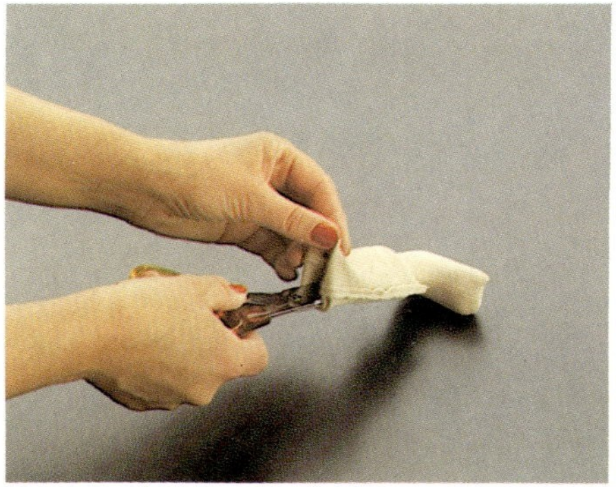

Mit der Schere einen kleinen Watteball bis vorn an die Zehen stopfen. Damit der »Stopfweg« kürzer wird, den Stoff auf die Hälfte zurückschlagen.

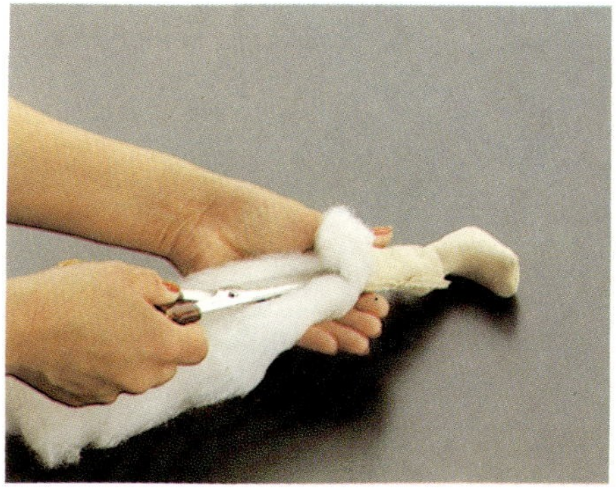

Die Watte in Streifen schneiden und etwas einschlagen. Mit der Schere den Wattestreifen in den Stoff schieben, dann den Stoff glattstreichen.

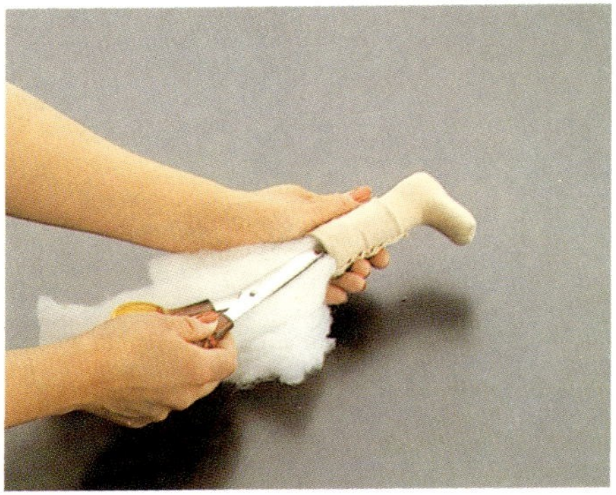

Weiter Wattestreifen hineinschieben. Immer den Wattestreifen zuerst etwas einschlagen und dann mit der Schere einführen.

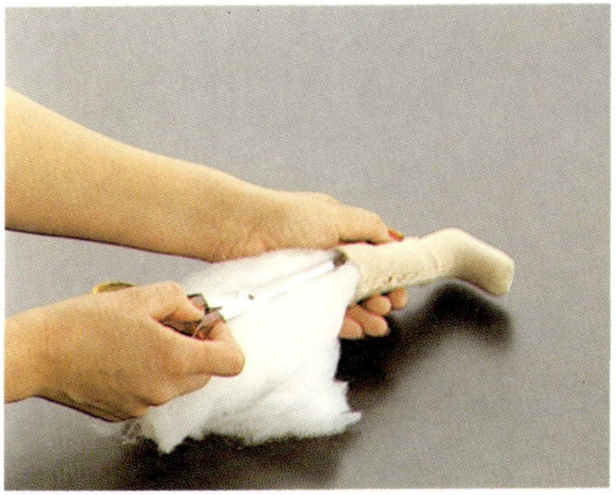

Dabei stets den Stoff wieder glattstreichen. Das Stopfen ist leichter, wenn die weiteren Wattestreifen schmaler geschnitten sind als die ersten Streifen.

Während des Stopfens die gewünschten Schuhe immer wieder anprobieren. Richtig ist, daß die Wattestreifen alle aus dem Beinteil herausragen. So treten keine Unebenheiten beim Stopfen auf.

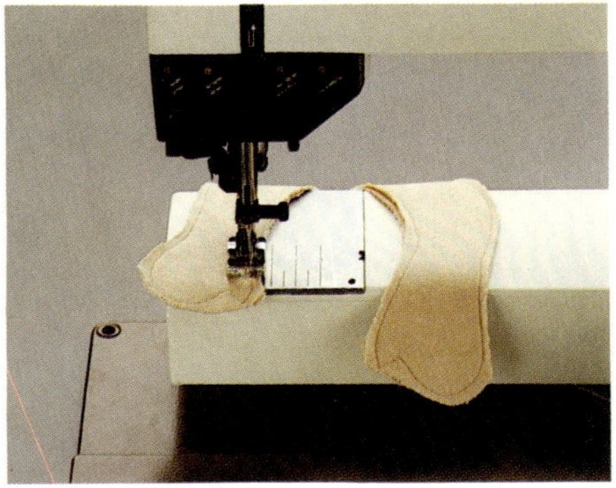

Beim Nähen der Arme müssen Sie besonders auf die Nahtlinie achten. Ein langsamer Stofftransport erleichtert speziell beim Steppen die Linienführung.

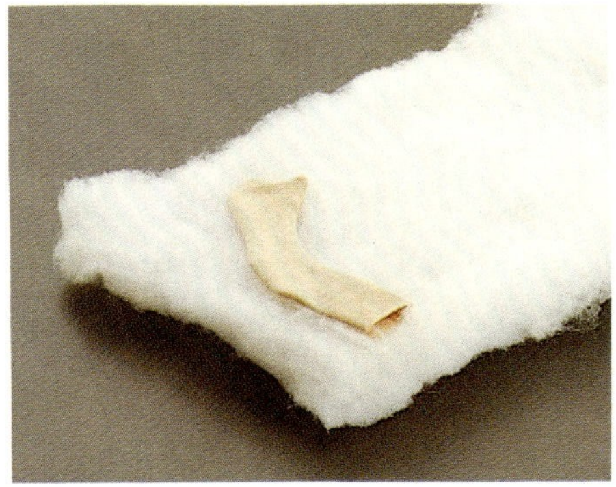

Für einen Arm einmal die volle Breite der Watte abschneiden. Die gleiche Menge wird für den zweiten Arm benötigt, damit die Arme gleich stark werden.

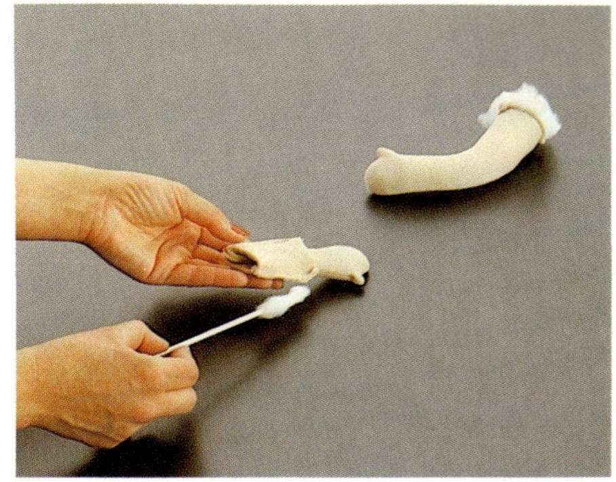

Eine Stricknadel mit etwas Watte umwickeln und so die Watte in den Daumen einschieben. Danach die Stricknadel wieder herausziehen.

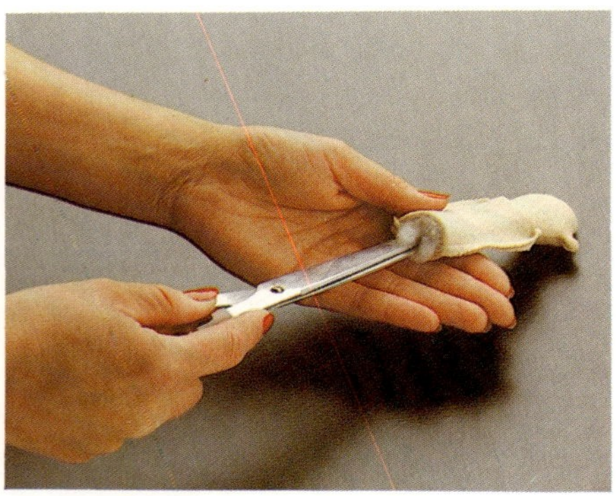

Mit Hilfe der Schere einen kleinen Watteball bis vor an die Handspitze einführen. Darauf achten, daß Sie keine »Faust« stopfen, sondern eine Handfläche.

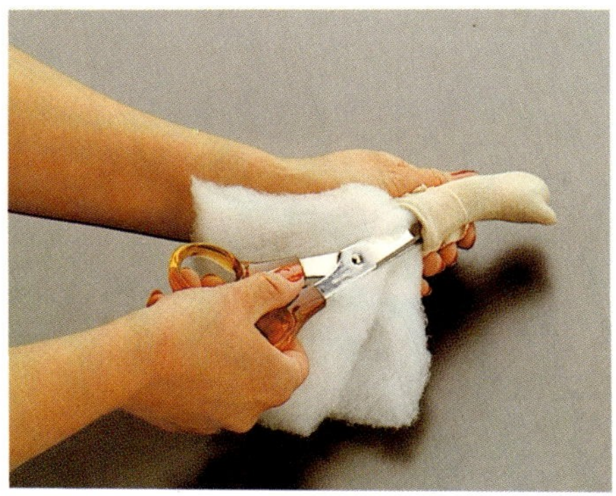

Die Watte in schmale Streifen schneiden. Den ersten Streifen mit der Schere einlegen. Weitere Wattestreifen bis zur Handfläche einschieben. Um den »Stopfweg« zu verkürzen, den Stoff zurückschlagen.

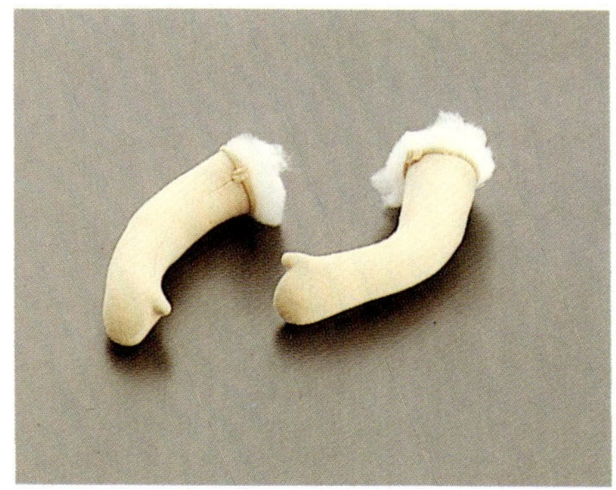

Beim Stopfen schon eine rechte und linke Hand »formen«.

Für den Körper das Körperteil 4mal der Länge nach auf die Watte legen und diese abschneiden. Denselben Wattestreifen nochmals abschneiden und in der Mitte der Länge nach teilen.

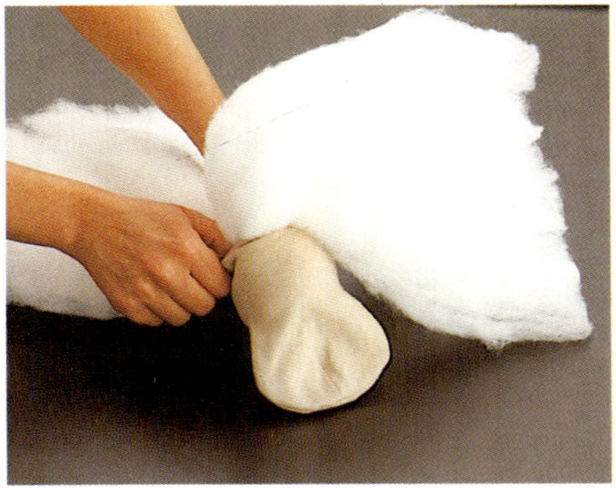

Der breite Wattestreifen ist für das Vorder- und Rückenteil des Körpers. Mit den Daumen die Watte gleichmäßig in das Körperteil hineindrücken.

Mit Hilfe der Schere die Watte bis nach unten einschieben und ein »Sitzfleisch« formen.

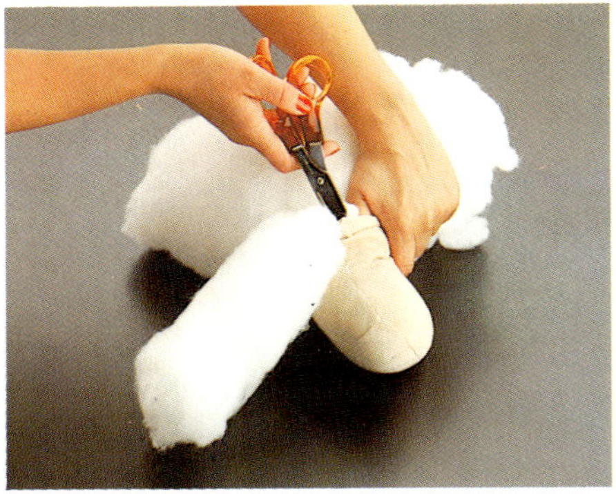

Nun den schmalen Wattestreifen über Kreuz in das Körperteil legen und mit der Schere zunächst eine Hüfte formen.

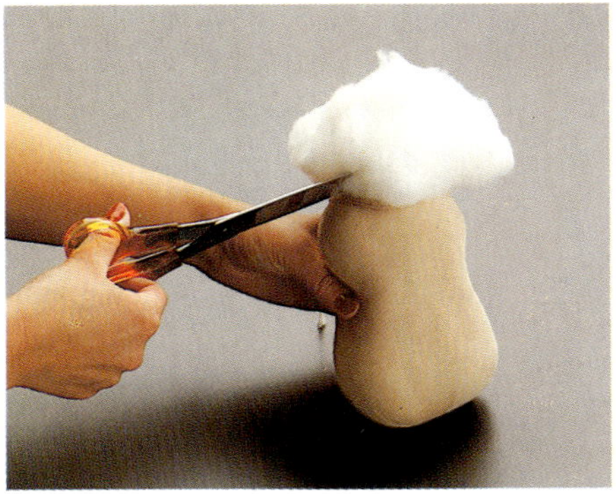

Danach den zweiten schmalen Streifen für die andere Hüfte einschieben, und anschließend die Schulter ausstopfen. Die restliche Watte abschneiden.

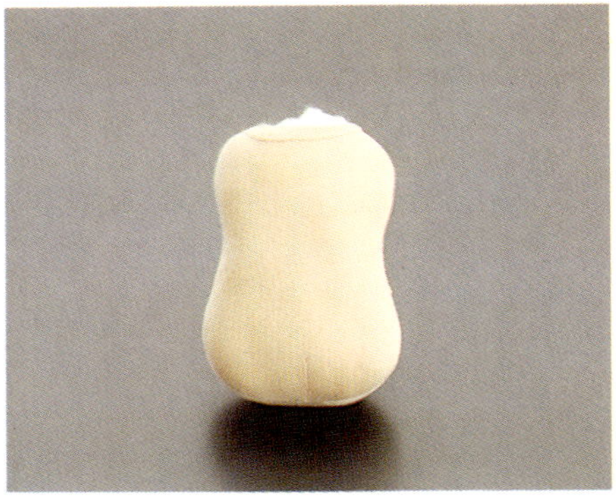

Sie müssen nicht unbedingt alle Watte in den Körper stopfen. Es soll jedoch genügend Watte zur Verfügung stehen, um den Körper glatt und fest zu stopfen.

Mutter mit Kind

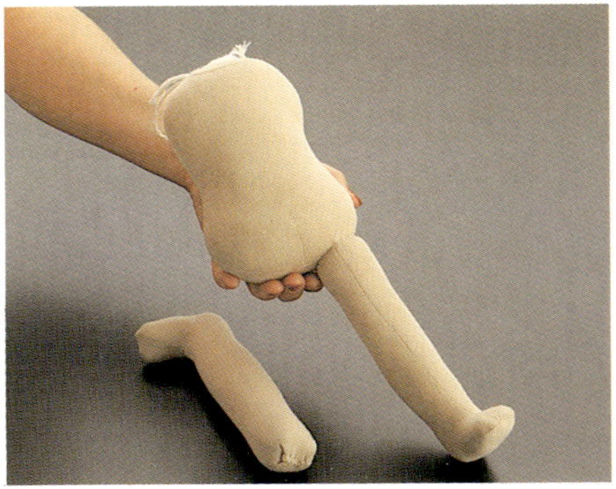

Für die stehende Puppe sollten die Beinteile – wie auf dem Foto zu sehen – zugenäht werden. Mit dem Matratzenstich die Beine in ovaler Form an den Rumpf annähen. Zwischen den Beinen sollte eine Daumenbreite frei sein.

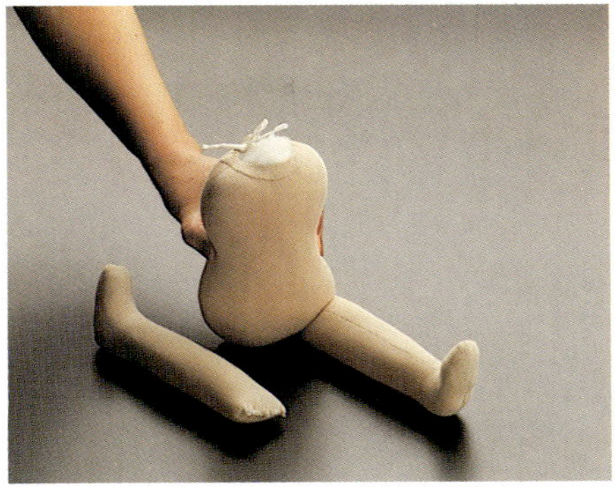

Für die sitzende Puppe müssen die Beine zunächst 1 cm gekürzt werden. Den Stoff und die Watte abschneiden, die Beine flach zunähen. Die Beine werden flach mit dem Matratzenstich am Rumpf befestigt.

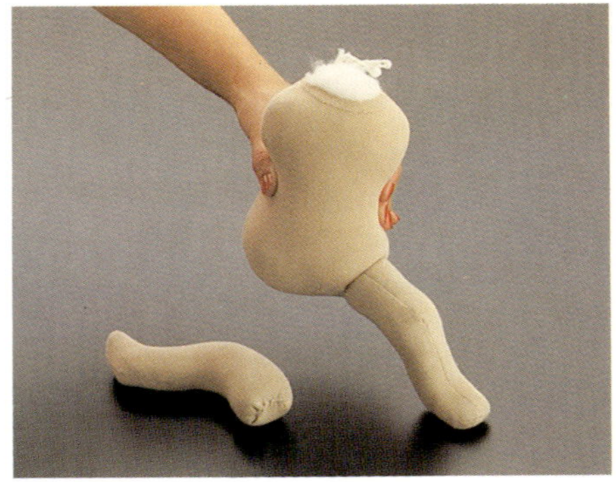

Ein Baby hat etwas molligere Beinchen. Achten Sie bereits beim Stopfen darauf. Die Beine zunähen und in ovaler Form an den Rumpf annähen. Auch hier sollte wieder eine Daumenbreite zwischen den Beinen frei bleiben.

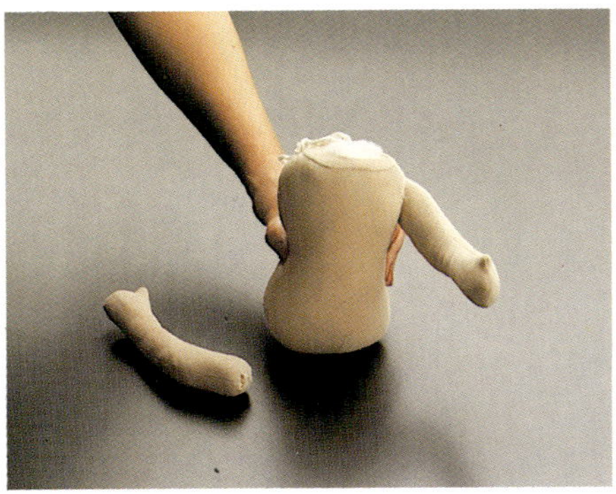

Sollen die Arme fest am Körper sitzen, so müssen diese zunächst laut Foto zugenäht werden. Anschließend mit dem Matratzenstich an den Rumpf annähen.

Für eine Puppe, die viel an- und ausgezogen werden soll, näht man die Arme locker an den Körper. Zunächst werden die Arme zugenäht und flach an den Rumpf angenäht.

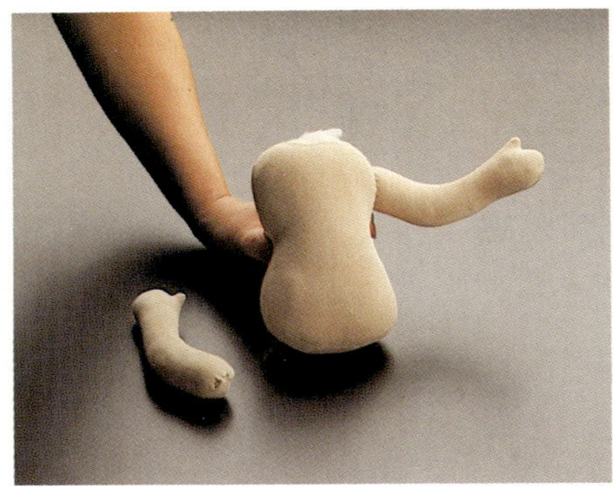

Bei der Babypuppe können die Arme locker oder fest an den Rumpf angenäht werden. Die Däumchen sollten immer zum Bauch hin gerichtet sein, um eine natürliche Haltung zu haben.

Matrosenpärchen

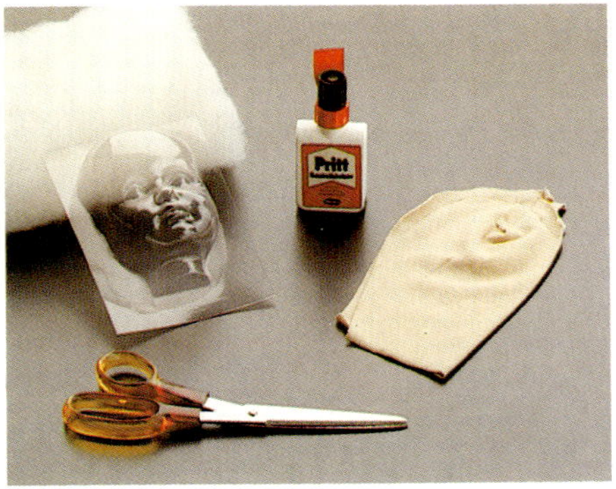

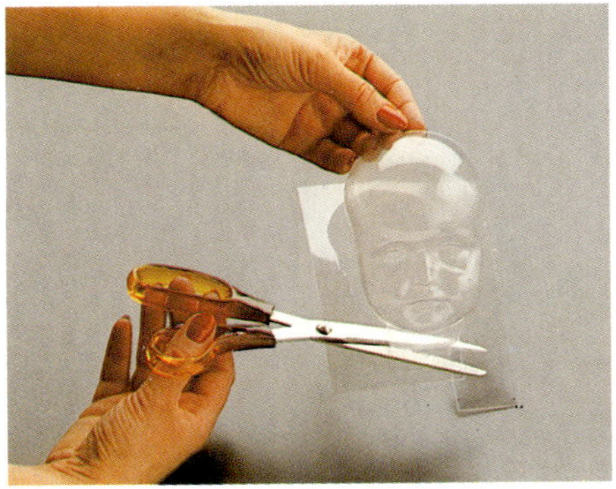

Der Puppenkopf ohne Mechanik.
Das Bekleben der Maske erfordert etwas Übung. Wenn Ihnen das Bekleben mißlingt, ziehen Sie den Stoff von der Maske ab, waschen Stoff und Maske mit warmem Wasser und beginnen von neuem.

Schneiden Sie die Kunststoffmaske den Konturen nach aus. Nicht abschneiden dürfen Sie den plastisch geformten Halsabschluß. Achten Sie beim Ausschneiden darauf, daß die Schnittlinie keine Zacken aufweist.

Mit den Fingern verteilen Sie nun gleichmäßig den Puppenkleber auf der Maske. Tupfen Sie mit einem Küchenkrepp-Papier den überflüssigen Leim aus den Vertiefungen von Augen, Nase und Mund heraus.

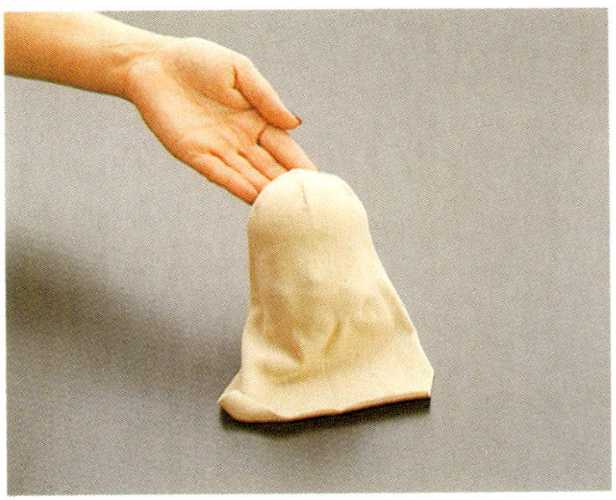

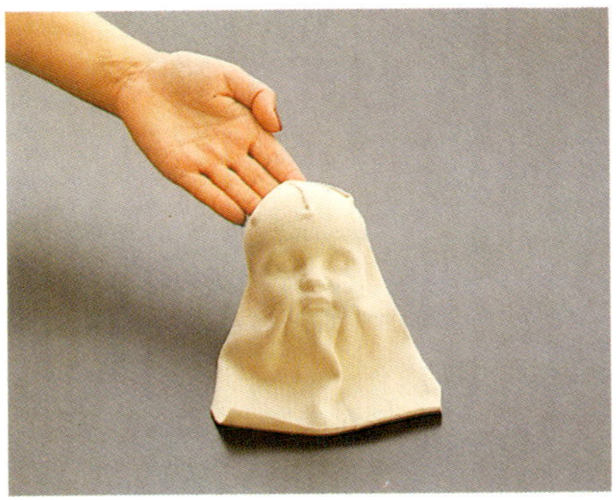

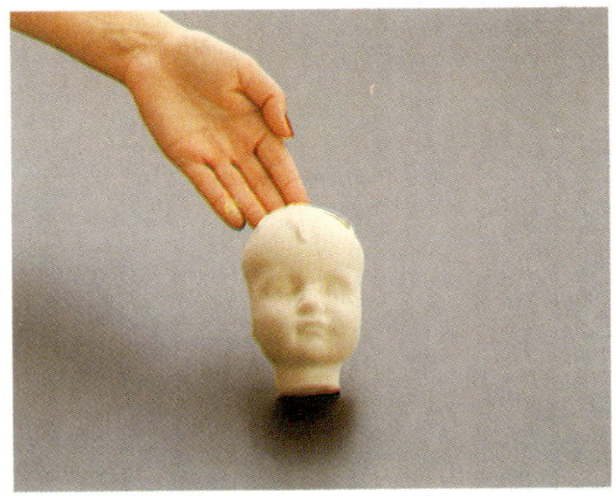

Nun schieben Sie die Kunststoffmaske in das genähte Stoffteil ein. Achten Sie darauf, daß der Fadenlauf des Stoffes senkrecht über das Gesicht verläuft.

Jetzt wird der Stoff an Stirn, Augen, Nase und Mund vorsichtig festgedrückt. Danach werden Kinn und Hals bespannt.

An den Wangenseiten ist der Stoff etwas üppig. Hier ziehen Sie den Stoff vorsichtig an den Maskenrand und kleben ihn faltenfrei fest.

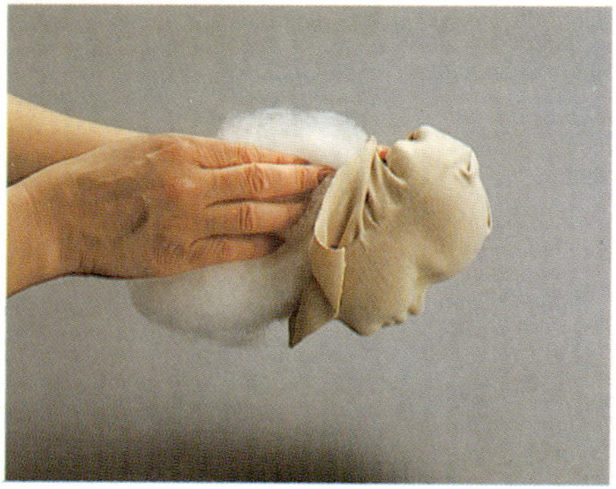

Der Puppenkopf wird mit der restlichen Watte gefüllt. Dabei müssen die Wattereste fest hineingepreßt werden.

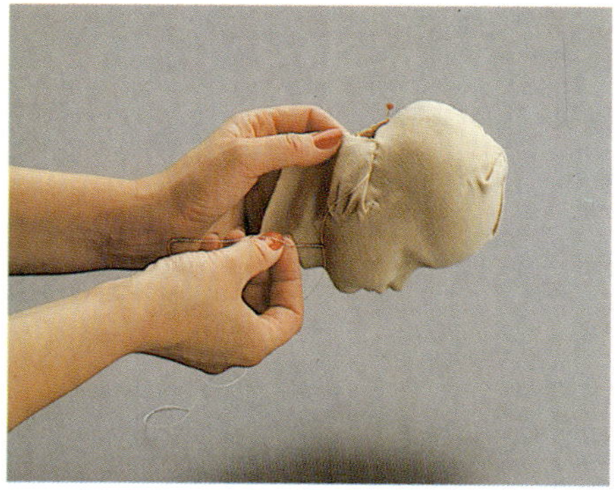

Mit der Watte den Hinterkopf formen. Man darf den Schalenrand nicht mehr spüren. Auf der rechten und linken Seite wird am Hinterkopf ein Abnäher genäht. Die Wangenseiten werden faltenfrei.

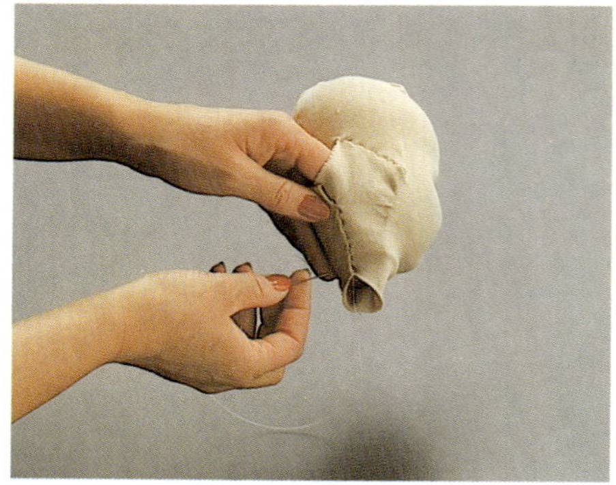

Den Nacken mit kleinen Stichen zunähen. Dabei ein kleines Loch freilassen, durch das später die noch fehlende Watte gestopft werden kann.

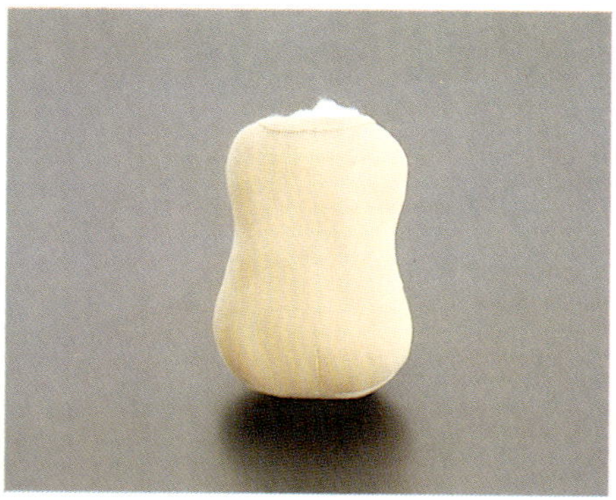

Die überstehende Watte wird abgeschnitten. Man muß dabei jedoch darauf achten, daß die Schultern fest genug gestopft wurden.

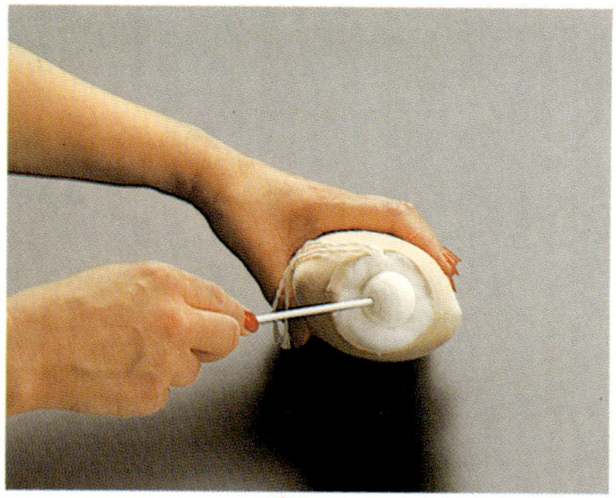

Die Wattekugel auf die Stricknadel stecken und mit der Wattekugel nach unten in die Mitte des Puppenkörpers hineinlegen.

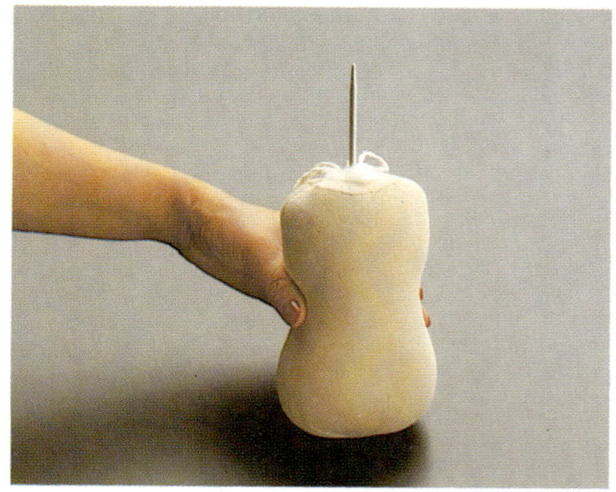

Die Stricknadel bildet das Rückgrat der Puppe. Sie muß sich daher in der Mitte des Puppenkörpers befinden.

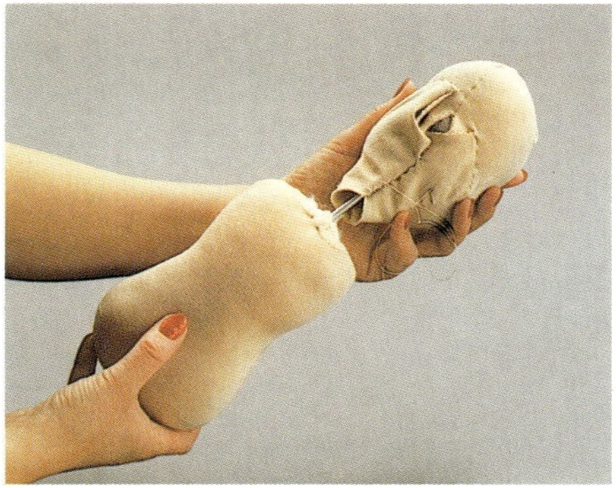

Der halbfertig gestopfte Puppenkopf wird jetzt auf den Rumpf gesetzt. Wichtig ist, daß der Kopf senkrecht auf dem Puppenkörper sitzt.

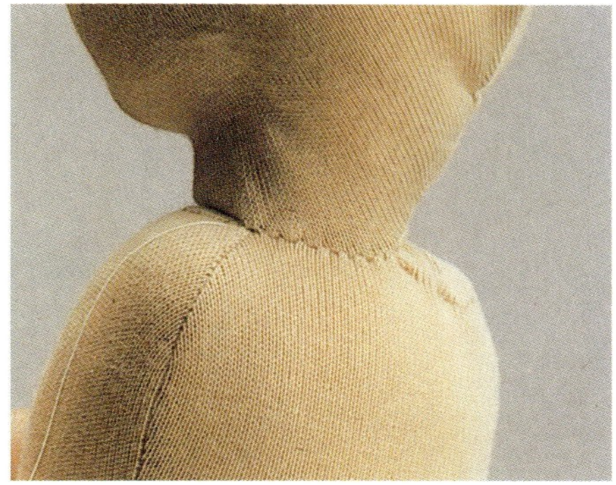

Beim Aufnähen des Kopfes auf den Puppenkörper in der Mitte des Nackens beginnen. Dabei den Matratzenstich anwenden.

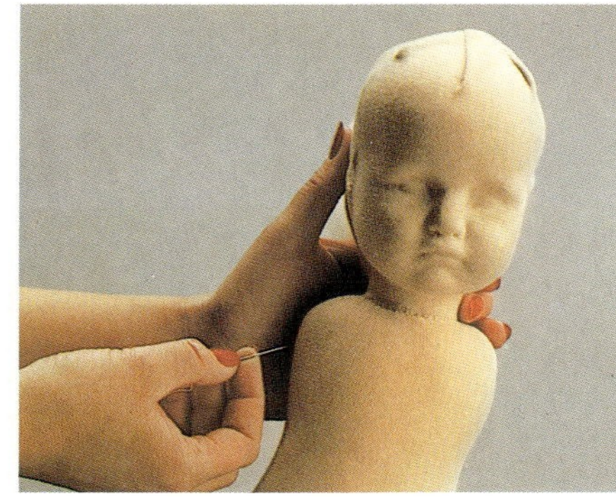

Am Hals vorsichtig den Stoff fassen und mit kleinem Matratzenstich annähen. Dabei immer wieder darauf achten, daß der Kopf noch gerade auf dem Puppenkörper sitzt.

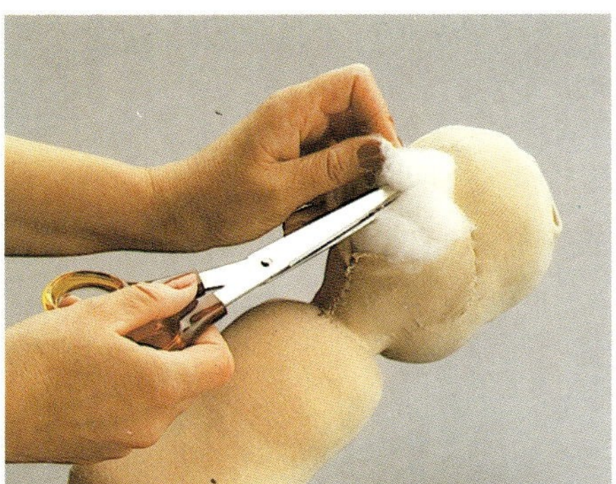

Wenn nun der Kopf fest aufgenäht ist, wird durch die kleine Öffnung am Hinterkopf noch so viel Watte nachgestopft, bis der Hinterkopf eine schöne und feste Form hat.

Der Hinterkopf darf nicht zu dick, aber auch nicht zu schwach ausgestopft sein. Von Zeit zu Zeit sollten Sie die Perücke aufsetzen, um die Paßform zu prüfen.

Fußballspieler

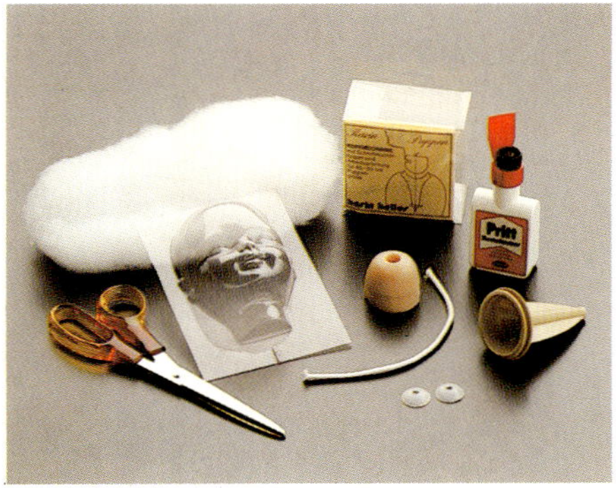

Der Puppenkopf mit Mechanik. *Sie benötigen eine Kunststoffmaske, ein vorgenähtes Stoffkopfteil, etwas Weißleim oder Puppenkleber, eine komplette Kopfmechanik, eine Schere und etwas Küchenkrepp-Papier.*

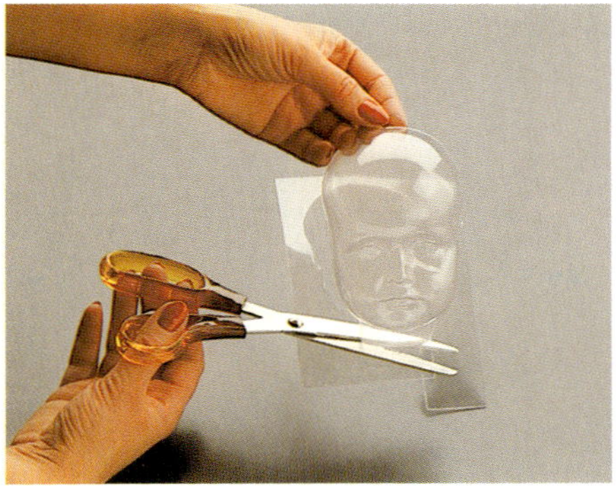

Schneiden Sie die Maske aus. Achten Sie darauf, daß die Schnittlinie keine Zacken aufweist. Den Halsabschluß schneiden Sie so weit aus, daß das Oberteil der Kopfmechanik in die Rille paßt.

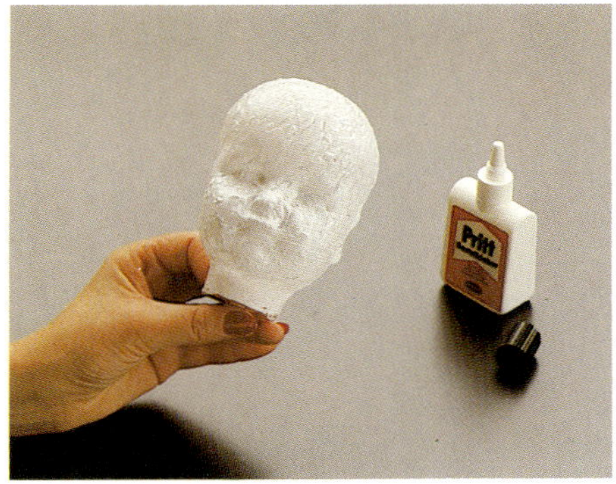

Mit den Fingern verteilen Sie gleichmäßig den Kleber auf der Maske. Tupfen Sie mit einem Küchenkrepp-Papier den überflüssigen Kleber aus den Vertiefungen von Augen, Nase und Mund heraus.

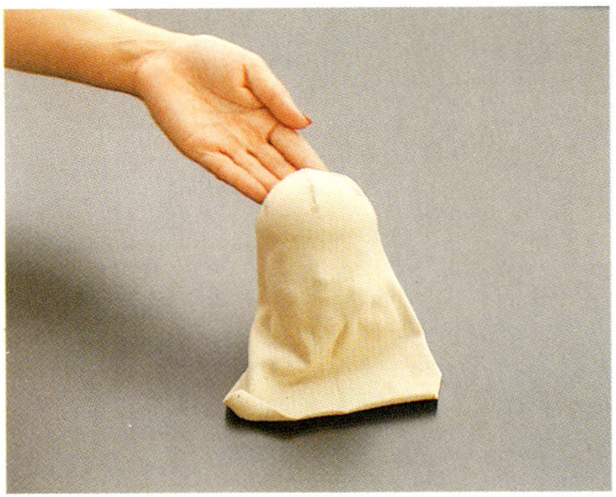

Nun schieben Sie die Kunststoffmaske in das genähte Stoffteil ein. Achten Sie darauf, daß der Fadenlauf des Stoffes senkrecht über das Gesicht verläuft.

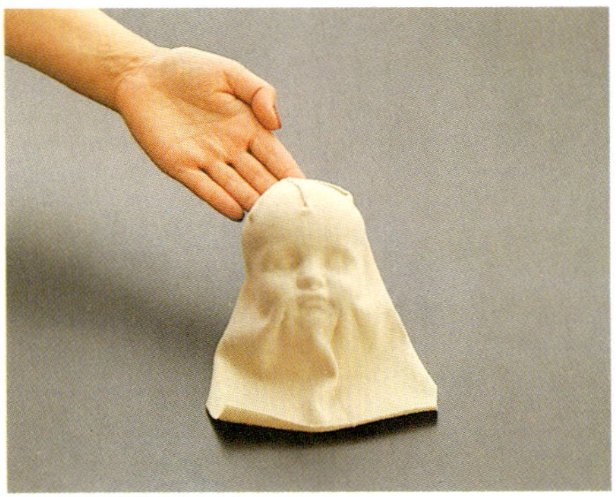

Den Stoff an Stirn, Augen, Nase und Mund vorsichtig festdrücken. Damit die Kopfmechanik leichter eingesetzt werden kann, wird der Stoff am Hals jetzt noch nicht fest geklebt.

An den Wangenseiten ist der Stoff etwas üppig. Hier zieht man den Stoff vorsichtig an den Maskenrand und klebt ihn faltenfrei fest.

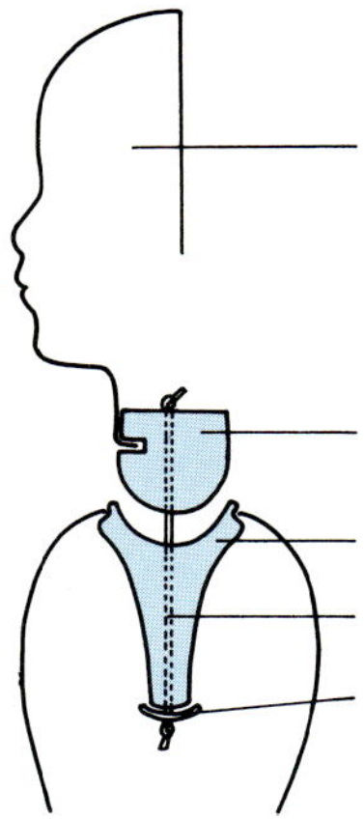

Durch den Einbau der Kopfmechanik wird die Puppe sehr lebendig. Das Köpfchen kann hin und her bewegt und nach vorne und hinten gebeugt werden.

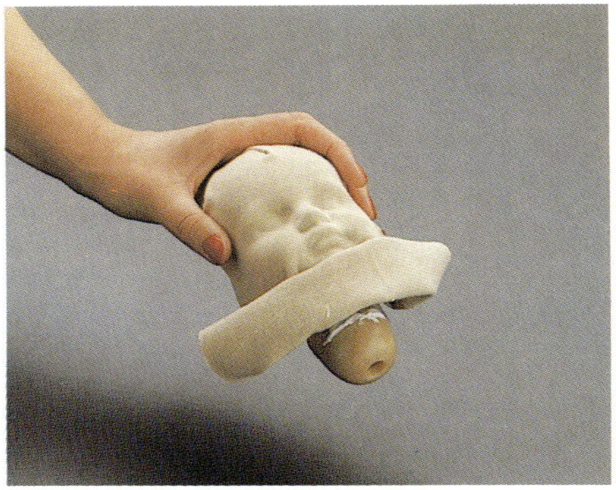

Mit etwas Puppenkleber wird das Oberteil der Kopfmechanik an der Maske festgeklebt. Damit das Oberteil der Kopfmechanik fest mit der Gesichtsmaske verbunden ist, kleben Sie über die Rille einen klaren Klebstreifen.

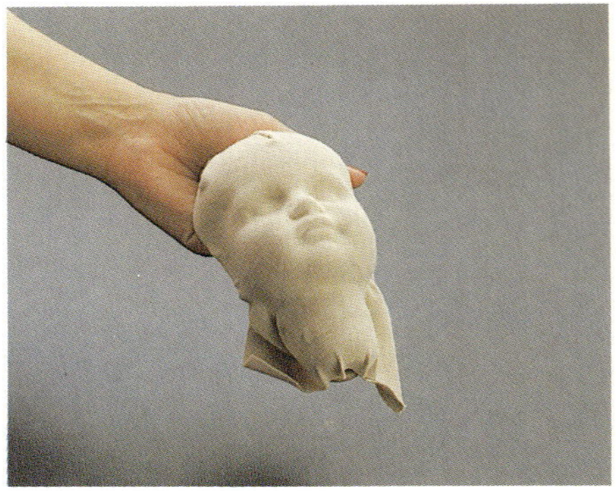

Nun wird auch der Hals und das Oberteil der Kopfmechanik mit Puppenkleber eingestrichen und mit Stoff bespannt.

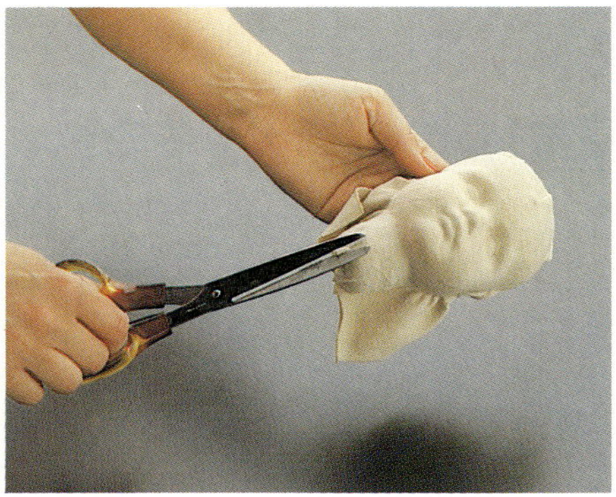

Der überflüssige Stoff wird in kleine Falten gelegt, festgeklebt und mit der Schere abgeschnitten.

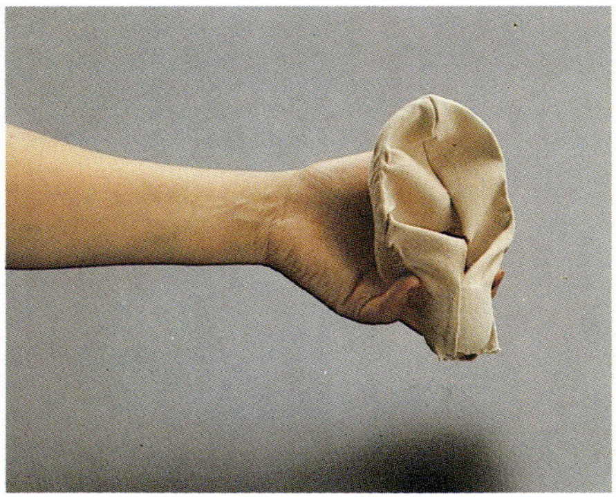

Am Nacken wird das Oberteil der Kopfmechanik ebenfalls mit Puppenkleber eingestrichen und mit Stoff bespannt.

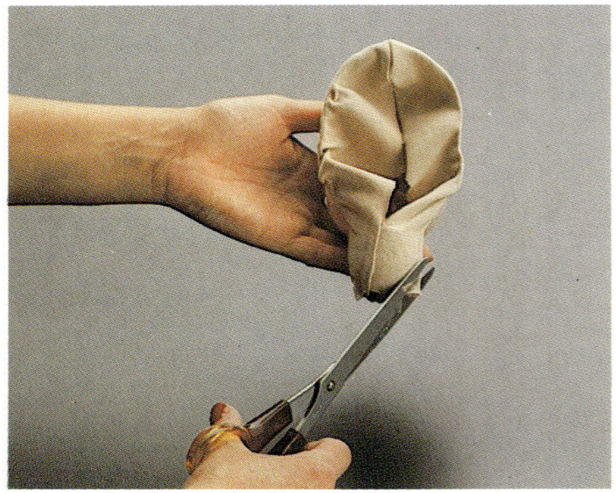

Der überflüssige Stoff wird nun mit der Schere abgeschnitten, so daß der Stoff faltenfrei am Oberteil der Kopfmechanik haftet.

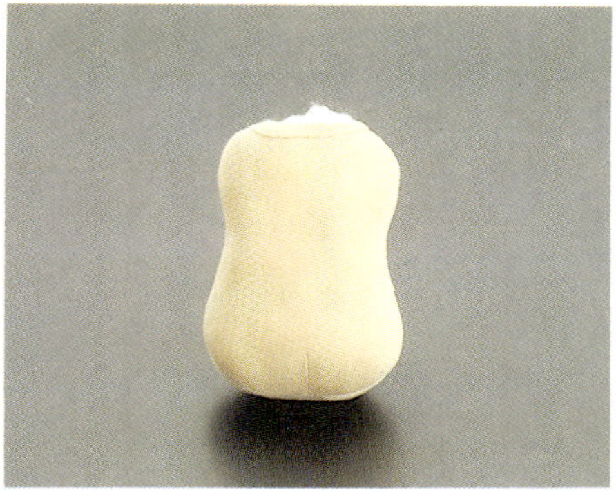

Die übrige Watte vom Rumpf wird abgeschnitten. Dabei müssen Sie jedoch darauf achten, daß die Schultern fest genug gestopft wurden.

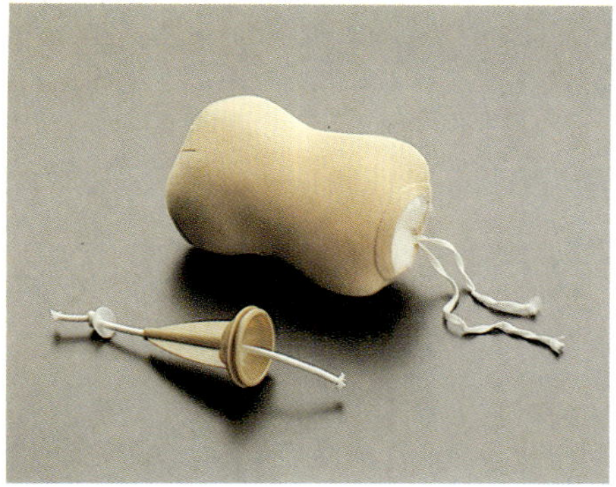

In das Rundgummi der Kopfmechanik wird nun ein Knoten gemacht und der Faltanker mit dem Unterteil der Mechanik eingeschoben.

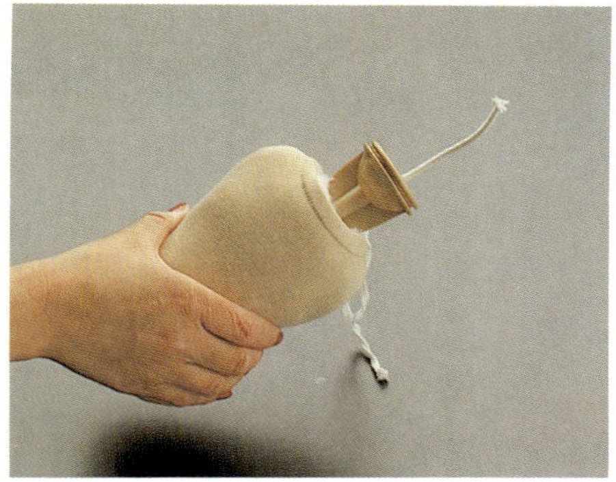

Richten Sie sich mit der Schere einen »Platz« für das Unterteil der Kopfmechanik, und setzen Sie dieses fest ein.

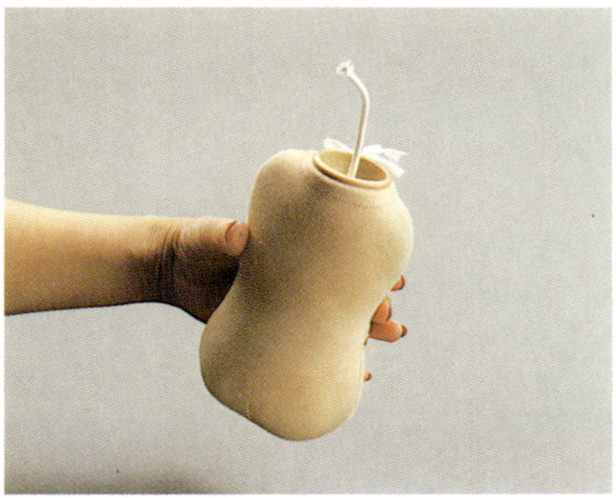

Wenn das Unterteil fest im Körper sitzt, wird mit dem Band der Körper fest zugezogen.

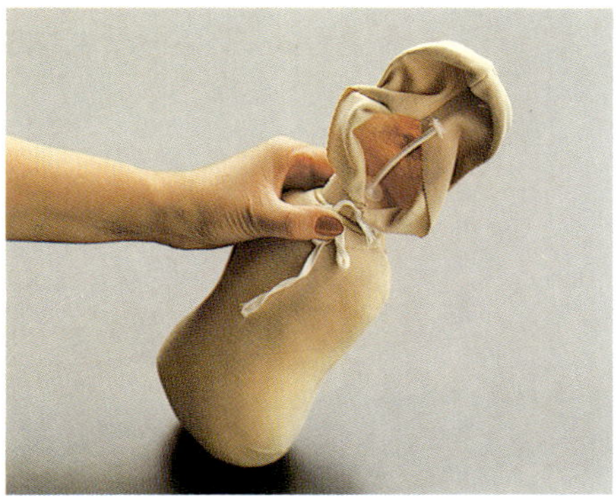

Nun ziehen Sie das Gummi durch die Öffnung im Oberteil der Kopfmechanik und fädeln den zweiten Faltanker ein.

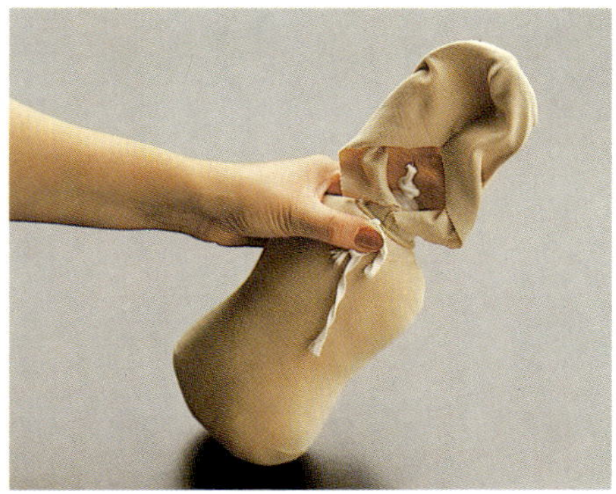

Mit einem Knoten wird das Gummi im Kopfteil festgemacht. Die Kopfmechanik ist nun fest verankert.

Die Wattereste werden in den Puppenkopf hineingesteckt. Dabei diese fest hineinpressen.

Mit der Watte wird nun ein fester Hinterkopf geformt, so daß Sie den Schalenrand nicht mehr spüren. Von Zeit zu Zeit kann die Perücke aufprobiert werden, damit sie später einen guten Sitz hat.

Auf der rechten und linken Seite am Hinterkopf einen Abnäher legen, damit die Wangenseiten faltenfrei werden.

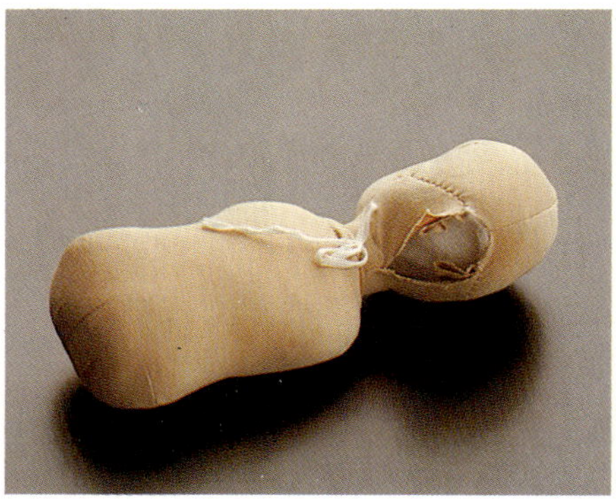

Den Nacken mit kleinen Stichen zunähen, ein Loch lassen, durch das noch fehlende Watte gestopft werden kann.

Mit den Watteresten den Kopf fertig ausstopfen und die Naht schließen.

Der fertig gestopfte Kopf soll fest, aber nicht dick sein. Den Rand der Kunststoffmaske dürfen Sie nicht mehr spüren.

Gratulanten

Das sitzende Mädchen hat eine intensive Lippenbemalung. Die Wangen wurden dezent mit Puderrouge angedeutet.
Für die Lippenbemalung des dunkelhäutigen Mädchens wurde Puderrouge mit etwas Wasser angerührt.
Die Augenbemalung bei der dritten Gratulantin wurde neutral gehalten. Die Wangen wurden mit Puderrouge aufgefrischt.

Die Bemalung

Das Bemalen des Puppenkopfes ist ein sehr wichtiger Arbeitsabschnitt. Mit Farbe und Pinsel können Sie der Puppe eine ganz individuelle Ausstrahlung geben. Um einen Puppenkopf zu bemalen, müssen Sie keine besonderen Vorkenntnisse in der Malerei haben. Vielmehr ist es wichtig, ein wenig Mut und einen Blick für Größe, Plazierung und Farbmischung zu haben.
Legen Sie sich zunächst zum Üben das aufgeführte Material bereit, und denken Sie daran, »Übung macht den Meister«.

- einen unbezogenen Kunststoff-Puppenkopf
- ein paar Stoffreste Feintrikot
- ein Puppen-Farbset
- einen Rotmarder-Pinsel Nr. 00
- ein Stück Alufolie
- einen Plastikbecher mit Wasser
- Weißleim oder Puppenkleber
- etwas Küchenkrepp-Papier
- Puderrouge in einer zarten Farbe

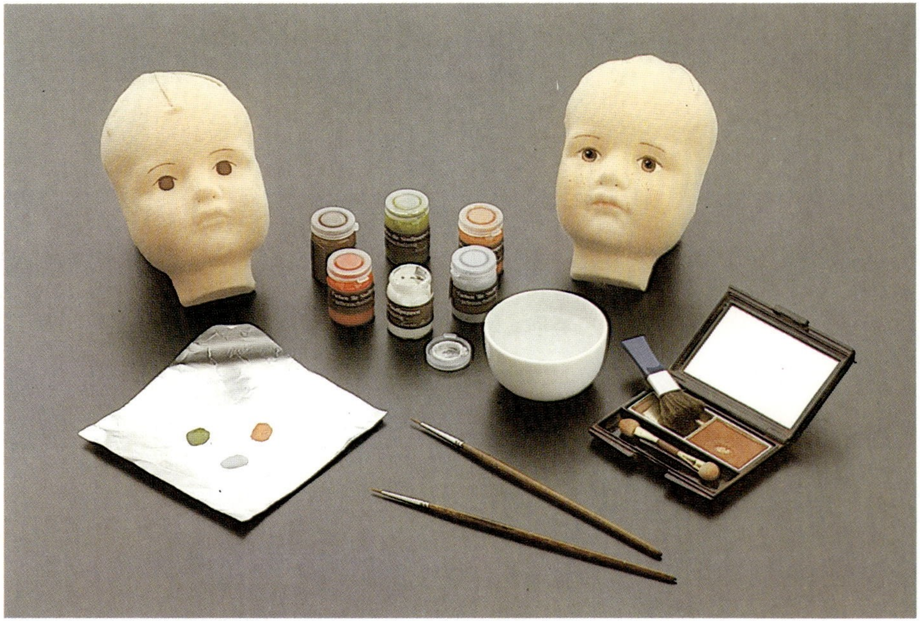

Da die Farben wasserlöslich sind, können sie mit Wasser verdünnt und auch untereinander gemischt werden. Geben Sie mit einem Streichholz die benötigten Farben auf die Alufolie. Mischen Sie die Farben entsprechend Ihren Wünschen.
Überziehen Sie die Kunststoffmaske mit dem Stoff. Nun erfolgt die Bemalung Schritt für Schritt entsprechend den erläuterten Arbeitsgängen. Sollte Ihnen die Bemalung nicht gelingen oder Sie sind mit dem Ergebnis noch nicht zufrieden, dann nehmen Sie den Stoff von der Puppenmaske herunter. Beziehen Sie diese neu, und beginnen Sie mit der Bemalung von neuem. Die abgebildete Grundbemalung ermöglicht Ihnen vielerlei Variationen.

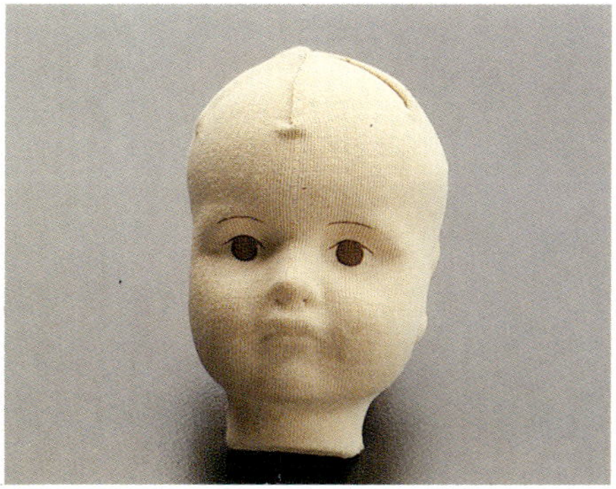

Die Größe der Iris bestimmt die Augengröße insgesamt. Beginnen Sie in der Mitte des Auges mit der Iris. Sie können die Iris vergrößern, indem Sie den Pinsel mit neuer Farbe immer wieder von der Mitte der Iris aus ansetzen.

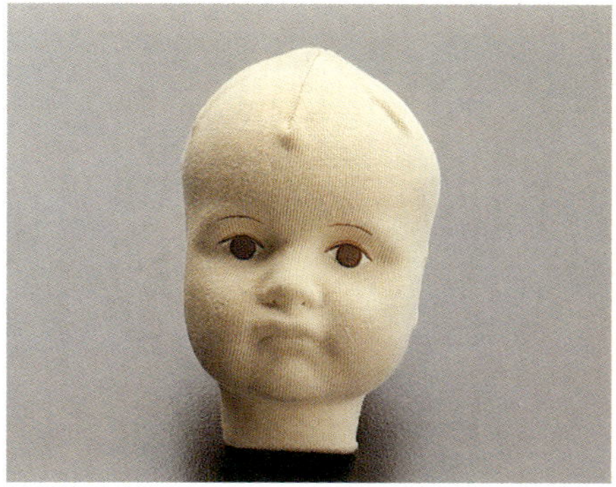

Mit einem zarten Pinselstrich wird ein Augenbogen gezogen. Rechts und links der Iris mit weißer Farbe den Augapfel andeuten. Die weiße Farbe sollte mit etwas Wasser verdünnt werden, damit sie nicht zu »hart« wirkt.

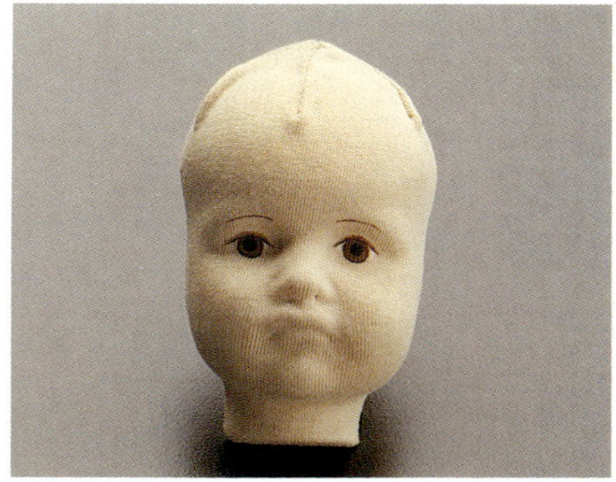

Ist die Farbe der Iris trocken, so wird mit schwarzer Farbe die Pupille in die Mitte der Iris gesetzt. Sie darf nicht zu klein sein.

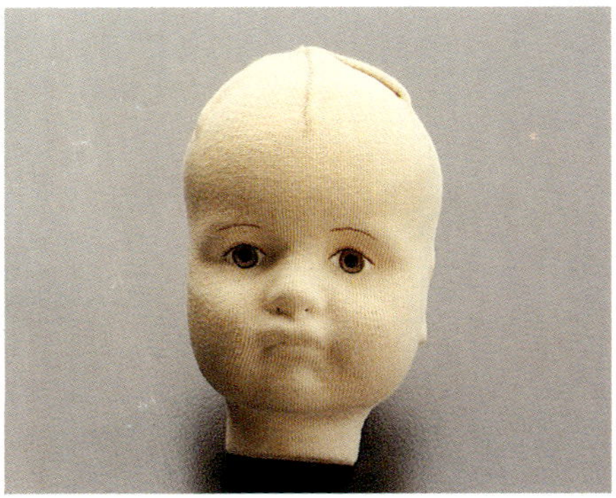

Die Farbe der Iris wird mit weißer Farbe etwas aufgehellt und ein kleiner Halbmond in die Iris gemalt. So wirkt das Auge lebendiger.

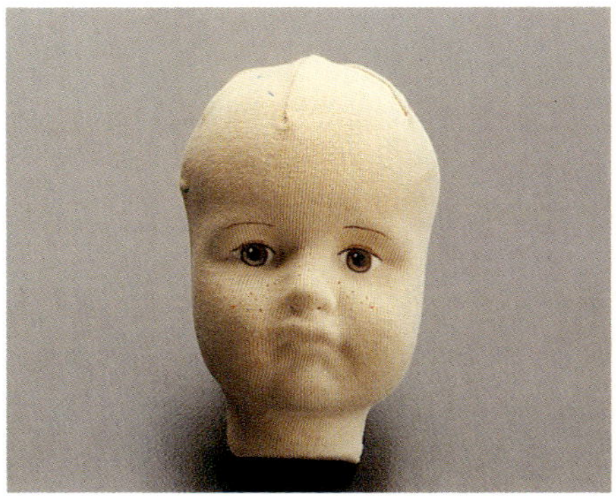

Die weißen »Lichter« lassen das Auge leben. Ein kleiner reinweißer Punkt wird dafür an den oberen Rand der Pupille gesetzt. Achten Sie darauf, daß die Puppe keinen »schrägen« Blick bekommt.

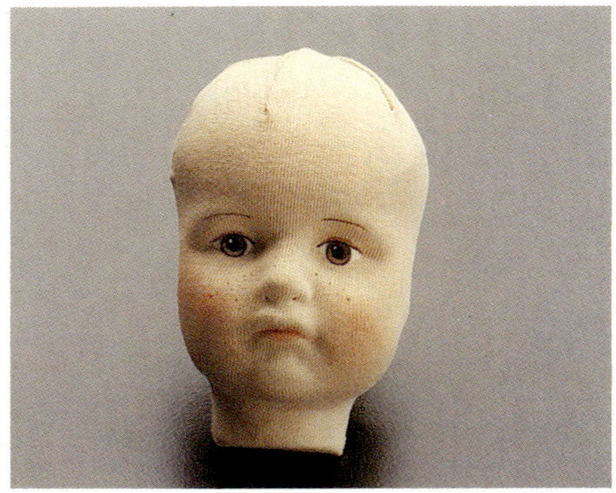

Mit zwei kleinen Punkten in der Farbe Hellbraun werden die Nasenlöcher angedeutet. Etwas Puderrouge auf Wangen und Lippen verteilt, verleiht dem Gesicht eine frische Farbe.

Raufende Jungen

Der Junge mit der Wollmütze schaut mit großen grünen Augen. Die Sommersprossen und der große Mund geben ihm ein Lausbubengesicht, die Wangen wurden mit Puderrouge aufgefrischt. Der kniende Junge mit den großen Augen hat buschige Augenbrauen und einen Schmollmund. Zusätzlich zum Puderrouge wurde ein kleines Pflaster auf die Wange geklebt.

Auf der Wiese

Die Augen sind wie in der Grundbemalung angegeben angelegt. Mit leichtem Puderrouge wurden die Wangen aufgetupft.

Geburtstagskind

◀ *Damit die Augen glänzen, wurde auf die trockene Augenbemalung etwas klarer Nagellack aufgetragen.*

Pierrot

▶ *Statt der Grundbemalung wird das Gesicht 2- bis 3mal mit weißer Farbe grundiert. Die extrem großen blauen Augen wirken noch größer durch die dunklen Wimpern und Augenbrauen. Der Mund des Pierrots ist mit einem dunklen Rot ausgemalt. Über Augen und Mund nach dem Trocknen klaren Nagellack streichen und kleine Sternchen auf die Wange kleben.*

Indianer

Der Trikotstoff für das Gesicht ist bei diesen Indianermädchen etwas dunkler als bei den anderen Puppen. Beide Puppen haben große Augen.

Clown

Statt der Grundbemalung wurde direkt die lustige Clownbemalung angelegt. Wichtig ist die Dominanz der Farben Weiß und Rot.

Schlafendes Baby

Soll eine Puppe schlafende Augen erhalten, so deuten Sie nur das Lid mit hellbrauner Farbe an. Ein kleiner roter Mund und leichtes Puderrouge auf den Wangen unterstreichen den Babycharakter der Puppe.

Im Laufstall

Die kleinen oval angeordneten Augen dieser Babys sind geöffnet. Auch sie haben einen schmalen kleinen Mund und leicht gerötete Wangen.

Die Perücken

Die Wahl der Perücke ist entscheidend für das Aussehen der Puppe. Daher ist es wichtig zu wissen, wen man mit der Puppe ansprechen möchte. Für Kinder eignen sich gute Kunsthaarperücken, für eine Liebhaber- oder Dekorationspuppe sind Perücken aus echten Haaren ideal. Im Fachgeschäft werden Echthaar- und Kunsthaarperücken und auch Felle angeboten.

Die Perückengröße

Bei den beschriebenen Puppen benötigt man für eine Puppe der Größe 45 cm eine Perücke mit 26–30 cm Kopfumfang, für eine Puppe der Größe 35 cm eine Perücke mit 23 bis 25 cm Kopfumfang. Die Haare sind auf eine elastische Haube geknotet oder auf Tressen aufgenäht.

Das Befestigen der Perücke

Die Perücke ist fester Bestandteil der Puppe. Sie sollte daher mit kleinen Stichen auf dem Puppenkopf aufgenäht werden, wobei man die Watte im Kopf beim Nähen mitfaßt.

Die Echthaarperücke

Wie der Name schon sagt, ist diese Perücke aus echten Haaren hergestellt. Das Haar wird zunächst gereinigt, gebleicht und anschließend eingefärbt. Der Handel bietet eine große Auswahl aus verschiedenfarbenen Echthaarperücken.
Achten Sie beim Kauf darauf, auf welchen Untergrund die Haare verarbeitet sind. Eine gute Perücke ist auf eine Stretchhaube von Hand aufgeknüpft. Dies ist ein arbeitsintensiver Vorgang und schlägt sich auch im Preis nieder. Die Pflege der Echthaarperücke ist sehr einfach. Trennen Sie die Perücke vom Puppenkopf ab und waschen die Perücke in lauwarmem Wasser mit einem milden Shampoo. Anschließend muß das Haar gut ausgespült und abfrottiert werden. Das Haar kann auf Wickel gelegt und handwarm gefönt werden.

Die Kunsthaarperücke

Die Kunsthaarperücke ist aus Synthetikfasern hergestellt. Je besser das Grundmaterial ist, um so schöner ist die Perücke. Das Kunsthaar darf sich nicht fettig anfühlen.
Gute Kunsthaarperücken erkennen Sie daran, daß sie auf eine Stretchhaube gearbeitet sind.
Für Kinder, die ihre Puppen gerne kämmen, ist die Kunsthaarperücke besonders geeignet, da sie leicht zu frisieren ist.
Zum Waschen trennt man die Perücke vorsichtig vom Puppenkopf und wächst sie mit einem milden Shampoo (Kindershampoo) und kaltem Wasser. Spülen Sie nach dem Waschen die Perücke gut aus, und lassen Sie das Haar an der Luft trocknen. Das Kunsthaar darf auf keinen Fall gefönt werden.
Probieren Sie einmal eine neue Frisur, und drehen Sie das nasse Haar auf Wickler.

Von links nach rechts sind abgebildet: Echthaarperücke Langhaar, Echthaarperücke Schillerlocke, Echthaarperücke Universal, Echthaarperücke Zopffrisur.

Unten: Kunsthaarperücke Afrolook, Kunsthaarperücke Pagenrundschnitt, Echthaarperücke Pagenrundschnitt.

Die »Kopfhaut« bei der Universalperücke

Aufgenähte Tressen auf einer Kunsthaarperücke

Echthaarperücke Universal, mit von Hand eingeknüpften echten Haaren

Spielen Sie einmal Friseur, und stecken Sie die Haare der Echthaarperücke Schillerlocke zurück, oder kürzen Sie den Pony. Keck wirkt die Puppe mit Pferdeschwanz.

Je nach Frisur bekommt Ihre Puppe einen anderen Charakter. Die »Dame« trägt das Haar offen, das »junge Mädchen« liebt den Seitenzopf, und die »Bäuerin« legt nach alter Tradition die Zöpfe zum Kranz.

Auch ein Pagenschnitt läßt sich frisieren. Glatt gekämmt eignet er sich für eine brave Puppe. Kämmen Sie die Haare zurück oder zur Seite, so entsteht schnell ein Lausbubengesicht.

Die Kunsthaarperücke Langhaar eignet sich besonders zum Frisieren. Schnell entstehen Pferdeschwänze, offene oder geflochtene Zöpfe.

Fellperücken

Haare aus Fell sind weich und anschmiegsam. Besonders bei Kleinkindern sind diese Felle beliebt, da das Fell zum Schmusen und Liebkosen einlädt. Es ist daher besonders wichtig, daß man das richtige Fell verwendet. Felle, die stark haaren, eignen sich auf keinen Fall für Puppen, die für kleinere Kinder gemacht werden. Ein Fell, das nicht haart, ist das Toscaner Lammfell. Die Felle gibt es bereits zugeschnitten im Handel zu kaufen. Wenn Sie den Zuschnitt jedoch selbst machen wollen, benötigen Sie dazu einen Schnitt. Beim Aufzeichnen des Schnittes ist besonders wichtig, daß der Fellverlauf richtig ist. Dieser ist im Schnitt genau angegeben. Mit einer scharfen Klinge darf nur das Leder durchgetrennt werden. Nach dem Zuschneiden das Fell gründlich ausschütteln, damit die Haare, die sich beim Zuschneiden gelöst haben, wegfliegen.

Bauernjunge

Durch die natürliche Kräuselung läßt sich das Toscaner Lammfell nicht frisieren. Gerade deshalb ist es für eine freche Jungenfrisur besonders geeignet.

Zugeschnittene Felle aus Toscaner Lammfell in den Farben Braun und Rot für die Puppengröße 35 cm und 45 cm.

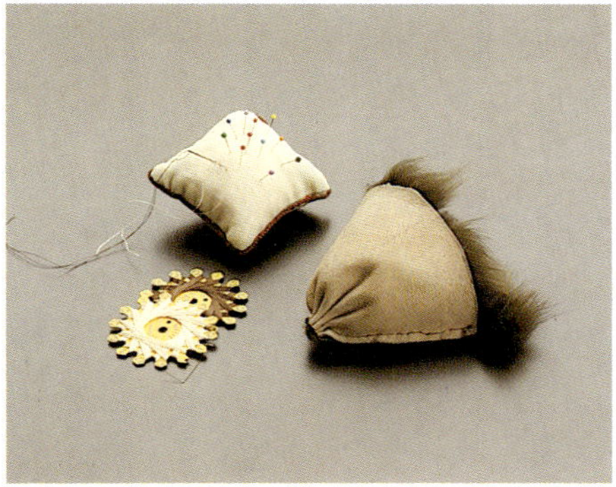

Das Fell mit Sternchenzwirn zusammennähen. Verwenden Sie dazu eine Ledernadel, und nähen Sie mit dem Steppstich. Am Wirbel das Fell mit dem Vorstich zunähen, den Faden anziehen und verknoten.

Anschließend im Abstand von 0,5 cm zum Rand einen Faden mit kleinen Vorstichen einziehen. Den Endfaden lang hängen lassen.

Ein Drittel des Felles innen mit viel Kleber ausstreichen.

Das Fell auf den Puppenkopf schieben und andrücken. Danach das Fell zurückschlagen und mit Kleber einstreichen.

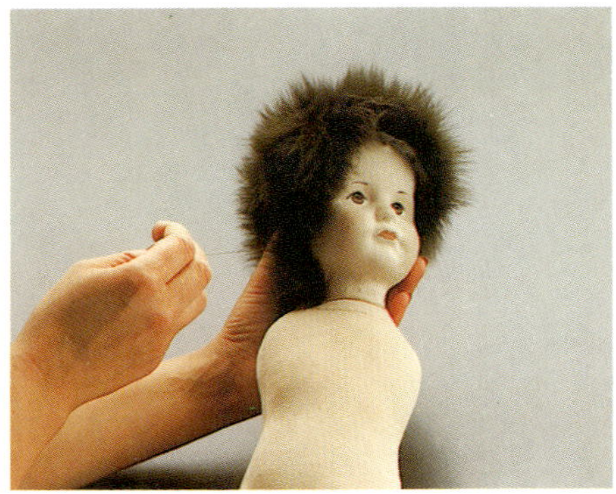

Wenn das Fell richtig sitzt, an dem Faden vorsichtig anziehen, bis sich das Fell an das Köpfchen eng anlegt.

Pflege und Reparaturen

Je mehr ein Kind seine Puppe liebt, um so deutlicher sieht man es dieser Puppe im Laufe der Zeit auch an. Die Kleidung und der Körper sind schmutzig geworden, und die Bemalung des Gesichts ist verblaßt. Ich rate davon ab, eine Reinigung der Puppe ohne das Wissen des Kindes vorzunehmen. Kinder trennen sich nicht gerne von ihrem liebsten Spielzeug, noch weniger lieben sie an ihm Veränderungen. Lassen Sie daher die Puppe einmal »krank« werden. Wenn Sie mit Ihrem Kind die »Behandlung« der Puppe besprechen, ist es sicher mit Eifer dabei.

Am einfachsten sind leichte Verschmutzungen zu beseitigen. Reinigen Sie die Schmutzstellen mit Schaum. Ich rate Ihnen ab, die Puppe in eine chemische Reinigung zu geben. Selbst wenn das Puppengesicht die Reinigung ohne großen Schaden übersteht, bleibt immer ein starker chemischer Geruch in der Puppe, den Ihr Kind sicherlich nicht akzeptieren wird.

Eine leichte Schaumbehandlung ist daher sinnvoller, und der eigentliche Puppengeruch, den Ihr Kind liebt, bleibt erhalten.

Das Puderrouge verfliegt mit der Zeit. Pudern Sie einfach die Wangen etwas nach. Sind die Farben von Mund und Augen blasser geworden, übermalen Sie sie mit neuen Farben. Wenn das Gesichtchen so hoffnungslos verschmutzt ist, daß auch der Schaum nicht mehr hilft, so bleibt der Versuch, aus dieser Puppe einen Clown zu machen. Beziehen Sie jedoch Ihr Kind in dieses Experiment mit ein, damit es keine unvorhergesehenen Tränen gibt.

Beim Zuschneiden der Puppe bleibt immer ein kleiner Stoffrest übrig; bewahren Sie ihn auf. Wenn Sie später einmal Stoff nachkaufen müssen, kann der Farbton abweichen. Weisen die Körperteile der Puppe kleine Löcher auf, so können Sie kleine, pflasterähnliche Flicken aus demselben Stoff aufnähen. Sind es größere »Verletzungen«, so ist es am einfachsten, das Teil komplett zu erneuern.

Wenn das Gesicht größere »Verletzungen« aufweist, können Sie kleine Flikken aufkleben, aber mit der Zeit ist es sinnvoller, den Kopf komplett zu erneuern.

Das Gummi der Kopfmechanik kann mit der Zeit ausleiern. Um es zu erneuern, muß die Perücke abgetrennt und der Hinterkopf geöffnet werden. Diese Reparatur lohnt sich in jedem Fall, da sie problemlos auszuführen ist.

Auch die Perücke ist schnell ausgetauscht und neu aufgenäht. Die Pflege von Perücken wurde im Kapitel Perükken genauer beschrieben. Schlagen Sie dort nach, bevor Sie die Perücke waschen.

Denken Sie jedoch bei allem Verständnis für eine stets saubere und schöne Puppe daran, daß die Spuren auf der Puppe auch zeigen, wie lieb Ihr Kind die Puppe hat.

Bildlegende	Maskentyp	Perücke	Schnitt/ Farbe	Kopf- mecha- nik	Wimpern
Puppenküche					
Mädchen auf der Treppe	Lisa	Kunsthaar	Langhaar braun		
Junge im Schlafanzug	Susi	Kunsthaar	Pagenschnitt blond		
Junge auf dem Stuhl	Kirstin	Kunsthaar	Pagenschnitt rot		
Mädchen auf dem Stuhl	Peter	Echthaar	Zopf braun		
Junge liegend	Susi	Kunsthaar	Kraushaar braun		
Am Kleiderschrank					
Junge sitzend	Linda	Echthaar	Pagenschnitt rot	x	x
Mädchen stehend	Hanna	Kunsthaar	Afrolook schwarz	x	x
Mädchen sitzend	Peter	Echthaar	Zopf braun		
Mädchen mit Korb	Linda	Echthaar	Zopf rot	x	x
Auf der Bank					
Junge	Hanna	Echthaar	Pagenschnitt rot	x	x
Mädchen	Hanna	Echthaar	Universal hellbraun		x
Neue Schuhe					
Junge	Linda	Echthaar	Pagenschnitt rot	x	x
Klassenfoto					
Junge mit Mütze	Kirstin	Echthaar	Pagenschnitt rot	x	
Junge mit Strickjacke	Hanna	Echthaar	Pagenschnitt braun	x	
Junge mit Pflaster	Heidi	Echthaar	Pagenschnitt rot	x	
Junge in Lederhose	Hanna	Toscaner Fell		x	
Mädchen mit Ranzen	Linda	Kunsthaar	Langhaar braun	x	
Mädchen sitzend	Hanna	Echthaar	Universal hellbraun	x	x
Mädchen mit Strickkleid und Brille	Hanna	Echthaar	Pagenschnitt rot	x	x
Die Nähmaschine					
Mädchen	Hanna	Echthaar	Zopf braun	x	x
Mutter mit Kind					
große Puppe	Linda	Echthaar	Langhaar braun		
kleine Puppe	Peter	Echthaar	Zopf braun		

Bildlegende	Maskentyp	Perücke	Schnitt/ Farbe	Kopf-mechanik	Wimpern
Matrosenpärchen					
Mädchen	Linda	Echthaar	Zopf rot		x
Junge	Kirstin	Echthaar	Pagenschnitt rot		x
Fußballspieler					
Junge	Hanna	Echthaar	Pagenschnitt blond	x	x
Gratulanten					
Mädchen sitzend	Hanna	Echthaar	Universal rot	x	x
Mädchen mit Päckchen	Heidi	Kunsthaar	Langhaar braun	x	x
dunkelhäutiges Mädchen	Hanna	Kunsthaar	Afrolook schwarz		x
Auf der Wiese					
Mädchen	Linda	Kunsthaar	Langhaar braun	x	
Raufende Jungen					
Junge mit Mütze	Kirstin	Echthaar	Pagenschnitt rot	x	
Junge mit Pflaster	Heidi	Echthaar	Pagenschnitt rot	x	
Geburtstagskind					
	Heidi	Echthaar	Langhaar braun	x	x
Pierrot					
	Linda	Kunsthaar	Pagenschnitt schwarz	x	x
Indianer					
große Puppe	Heidi	Kunsthaar	Langhaar schwarz		x
kleine Puppe	Susi	Kunsthaar	Langhaar schwarz		x
Clown					
	Heidi	Kunsthaar	Pagenschnitt rot		
Schlafendes Baby					
	Linda	Echthaar	Kurzhaar blond	x	x
Im Laufstall					
Baby links	Susi	Kunsthaar	Kurzhaar blond		
Baby rechts	Susi	Kunsthaar	Kraushaar schwarz		
Bauernjunge					
	Hanna	Toscaner Lammfell		x	

Nähanleitung für die Kleidung

Diesem Buch liegen die Grundschnitte für die Puppenkleidung bei. Sie finden sie auf dem Schnittmusterbogen. Für einzelne Modelle sind diese Schnitte leicht abgewandelt worde. Lassen auch Sie Ihrer Phantasie freien Lauf.
Mit Ausnahme des Clownanzuges liegen die Schnitte sowohl für Puppengröße 35 cm als auch 45 cm vor. Alle Schnitte sind mit Nahtzugabe, so daß keine weitere Zugabe mehr erforderlich ist. Damit Sie beim Zuschneiden weniger Verschnitt haben, sollten Sie beim Anordnen der Schnitteile darauf achten, welche Teile einfach und welche Teile doppelt zugeschnitten werden.
Die farbige Kennzeichnung der Schnitte entnehmen Sie den speziellen Anleitungen. Bei allen Schnitten gilt folgende Kennzeichnung:

―――――――― Schnittlinie
.... Nählinie
-.-.-.-.-.-.-.- Stoffbruch
――――――――▶ Fadenlauf

Kopieren Sie die entsprechenden Schnitteile zuerst vom Schnittmusterbogen auf den Stoff. Sollten Sie im »Ausradeln« nicht so geübt sein, so können Sie auch die Schnitte mit speziellem Schneiderkopierpapier übertragen.
Stecken Sie die Schnittmusterteile auf den Stoff; achten Sie dabei auf den Fadenlauf. Nun können Sie den Stoff zuschneiden.

Jungenhemd und Latzhose

Schnittmusterbogen I, ■ schwarz

Das Hemdchen

Schließen Sie zunächst die Schulternähte (Nählinie 1).

Der Ärmel

Kräuseln Sie den unteren Ärmelrand passend zum Ärmelbund ein. Bügeln Sie den Ärmelbund zur Hälfte um und legen ihn rechts auf rechts auf den unteren Ärmelrand. Nähen Sie nun entlang der Nählinie 2. Kräuseln Sie den Ärmel oben ein. Legen Sie den Ärmel rechts auf rechts auf das Vorder-/Rückteil, und nähen Sie den Ärmel entlang der Nählinie 3 in das Vorder-/Rückteil ein. Nun schließen Sie den Ärmel und die Seitennaht in einem Zug – Nählinie 4.

Der Kragen

Schneiden Sie den Kragen nach dem Schnittmusterbogen zu, und nähen Sie entlang der Nählinie 5. Wenden Sie die beiden Kragenteile, und bügeln Sie sie aus. Nun nähen Sie den Kragen rechts auf rechts auf den Halsausschnitt – Nählinie 7. Nähen Sie zusätzlich noch auf die Nählinie 7 einen Schrägstreifen, und bügeln Sie ihn nach innen um. Versäubern Sie die rückwärtige Naht – Nählinie 8. Bringen Sie die Druckknöpfe an den markierten Stellen an. Säumen Sie das Hemd – Nählinie 9. Befestigen Sie auf der Vorderseite zur Zierde einen Knopf.

Die Latzhose

Das Täschchen

Nähen Sie zunächst das Täschchen. Schneiden Sie dazu die Tasche einmal aus Stoff und einmal aus Futterstoff zu. Legen Sie die Teile rechts auf rechts, und nähen Sie entlang der Nählinie A. Wenden Sie die Tasche, und schließen Sie die noch offene Stelle mit einer Steppnaht – Nählinie B. Bügeln Sie die Tasche aus.

Die Hose

Nähen Sie Vorder- und Rückteile laut Nählinie C zusammen. Beide Hosenhälften rechts auf rechts legen und entlang der Nählinie D nähen. Nun bringen Sie die fertige Tasche an der markierten Stelle an – Nählinie E. Jetzt die beiden Hosenhälften rechts auf rechts legen und die hintere Naht schließen – Nählinie F. Jetzt klappen Sie die beiden Hosenhälften so auseinander, daß Sie die inneren Hosenbeine in einem Zug schließen können – Nählinie G. Säumen Sie die Hosenbeine – Nählinie H. Nähen Sie die Träger am Hosenvorderteil gemäß Nählinie I an, und versäubern Sie gemäß Nählinie J. Bringen Sie an den markierten Stellen die Druckknöpfe an. Bügeln Sie die Hose aus.

Kleid

Schnittmusterbogen II, schwarze Linie

Das Oberteil

Verbinden Sie Vorder- und Rückteil, indem Sie die Schulternähte schließen – Nählinie 1.

Der Ärmel

Säumen Sie den unteren Ärmelrand – Nählinie 2 –, und ziehen Sie ein Gummiband ein. Nun kräuseln Sie den oberen Ärmelrand und nähen ihn in das Vorder-/Rückteil ein – Nählinie 3. Schließen Sie den Ärmel und die Seitennaht, indem Sie in einem Zug durchnähen – Nählinie 4.

Das Rockteil

Kräuseln Sie das Rockteil auf die Breite des Leibchens ein. Legen Sie die Teile rechts auf rechts, und nähen Sie gemäß Nählinie 5 die beiden Teile zusammen.

Der Kragen

Die beiden Kragenhälften rechts auf rechts legen und gemäß Nählinie 6 nähen, wenden und bügeln. Die eine Kragenhälfte auf die Mitte des Halsausschnittes rechts auf rechts legen und entlang der Nählinie 7 nähen, ebenso die andere Kragenhälfte nähen. Nun ein Schrägband auf die Nählinie 7 nähen und nach innen bügeln.

Das Rückteil

Nun die hintere Naht bis zur markierten Stelle schließen – Nählinie 8 – und die restliche offene Naht versäubern. Die Druckknöpfe an den markierten Stellen anbringen. Zum Schluß einen Saum nähen – Nählinie 9.

Das Kopftuch

Säumen Sie das Kopftuch rundherum.

Schürze

Schnittmusterbogen II, blaue Linie

Das Oberteil

Bei diesem Schürzenschnitt sind Vorder- und Rückteil an einem Stück zugeschnitten. Legen Sie die beiden Teile rechts auf rechts, und nähen Sie entlang der Nählinie 1. Wenden und bügeln Sie das Oberteil. Wir haben so den Halsausschnitt versäubert.

Das Rockteil

Kräuseln Sie das vordere Rockteil auf die Weite des vorderen Oberteils ein. Legen Sie vorderes Oberteil und vorderes Rockteil rechts auf rechts, und nähen Sie entlang der Nählinie 2. Nun kräuseln Sie die hinteren Rockteile auf die Breite der hinteren Oberteile ein und nähen diese rechts auf rechts entlang der Nählinie 3.

Der Armausschnitt

Legen Sie die Spitze rechts auf rechts an den Armausschnitt, und nähen Sie sie entlang der Nählinie 4 an die Schürze. Bügeln Sie die Spitze nach außen, und nähen Sie sie von rechts nochmals mit einer Steppnaht fest.

Das Rockteil

Das hintere und vordere Rockteil mit dem bereits angenähten Oberteil wird nun entlang der Nählinie 5 verbunden.

Der Saum

Bringen Sie die breite Spitze am Saum gemäß Nählinie 6 an. Das hintere offene Teil der Schürze wird nun versäubert – Nählinie 7.

Das Schürzenband

Die beiden Schürzenbänder gemäß Nählinie 8 versäubern. Nun die beiden Schürzenbänder an der markierten Stelle – Nählinie 9 – festnähen. Einen Druckknopf an der markierten Stelle annähen.

Taufkleid mit Haube

Schnittmusterbogen II, rote Linie

Das Kleid

Das Rockteil

Säumen Sie zunächst das Rockfutter (hier ist keine Nählinie auf dem Schnitt angegeben).
Legen Sie den Stoff und das gesäumte Futterteil rechts auf rechts, und nähen Sie entlang der Nählinie 1 Stoff und Futter zusammen. Falls Sie keinen Stoff mit einem Spitzenrand verarbeiten, müssen Sie zunächst die Spitze am unteren Rockteil annähen, bevor Sie Stoff und Futter zusammennähen!
Wenden und bügeln Sie die Naht. Verbinden Sie Stoff und Rockfutter am oberen Rockteil mit einem Zickzackstich – Nählinie 2.

Das Oberteil

Verbinden Sie Vorder- und Rückteil, indem Sie die Schulternähte schließen – Nählinie 3.

Der Ärmel

Versäubern Sie den unteren Ärmelrand – Nählinie 4. Kräuseln Sie den oberen Ärmelrand ein. Legen Sie Ärmel und Vorder- und Rückteil rechts auf rechts, und nähen Sie entlang der Nählinie 5 den Ärmel in das Oberteil ein. Nun den Ärmel und die Seitennaht des Oberteils in einem Zug durchnähen – Nählinie 6.

Der Halsausschnitt

Legen Sie einen Schrägstreifen rechts auf rechts auf den Halsausschnitt, und nähen Sie entlang der Nählinie 7. Wenden und bügeln Sie den Schrägstreifen nach innen und nähen ihn nochmals auf der Nählinie 7 fest.

Das Oberteil

Versäubern Sie die noch offenen Rückteile – Nählinie 8.

Das Rockteil

Kräuseln Sie das Rockteil auf die Weite des Oberteils ein. Legen Sie die Teile rechts auf rechts, und steppen Sie entlang der Nählinie 9 Oberteil und Rockteil zusammen. Bringen Sie an den markierten Stellen die Druckknöpfe an.

Die Haube

Das Mittelteil

Legen Sie Stoff und Futter rechts auf rechts, und steppen Sie entlang der Nählinie A. Wenden und bügeln Sie die Naht aus. Damit Stoff und Futter nicht verrutschen, nähen Sie Futter und Stoff ringsherum mit einem kleinen Zickzackstich zusammen.

Die Seitenteile

Legen Sie Stoff und Futter rechts auf rechts, und steppen Sie entlang der Nählinie B. Wenden und bügeln Sie die Naht aus. Damit Stoff und Futter nicht verrutschen, nähen Sie diese ringsherum mit einem kleinen Zickzackstich zusammen.

Mittel- und Seitenteile

Seitenteile und Mittelteil werden verbunden, indem Sie die Teile rechts auf rechts legen und entlang der Nählinie C zusammennähen. Nun wird der Haubenrand versäubert. Man kann hier auch noch eine schmale Spitze annähen – Nählinie D. Bringen Sie an der markierten Stelle die Bändchen an, und bügeln Sie die Haube aus.

Anzug für Pierrot und Clown

Schnittmusterbogen I, ● schwarz

Der Anzug

Legen Sie die beiden Teile rechts auf rechts, und schließen Sie die vordere Mitte durch Nählinie 1. Die rückwärtige Mitte nun bis zur markierten Stelle durch Nählinie 2 schließen.
Die rückwärtige offene Naht versäubern und einen Druckknopf an der markierten Stelle anbringen – Nählinie 7.
Den Anzug rechts auf rechts legen und mit Nählinie 8 die Hosenbeine schließen. Den Anzug säumen – Nählinie 9 – und ausbügeln.

Die Ärmel

Die Ärmel am unteren Ärmelrand einsäumen – Nählinie 3. Durch Nählinie 4 die Ärmel in das Vorder-/Rückteil einnähen und mit Nählinie 5 schließen.

Der Halsausschnitt

Die Halsweite bis zur gewünschten Weite einkräuseln und ein Schrägband aufnähen – Nählinie 6. Das Schrägband nach innen bügeln.

Die Halskrause

Den Stoffstreifen mit Vlieseline aufbügeln und beidseitig einsäumen – Nählinie 10. Auf einer Seite auf die gewünschte Halsweite einkräuseln und rechts und links ein Band zum Binden annähen – Nählinie 11. Glitzer oder Perlen anbringen.

Das Cape für den Pierrot

Auf den Stoffstreifen Vlieseline aufbügeln. Die Teile laut Nählinie 12 bis 17 rechts auf rechts zusammennähen, wobei bei der Nählinie 17 das Cape geschlossen wird. Einen Saum nähen – Nählinie 18 – und das Cape mit Glitzer oder Perlen verzieren.

Unterwäsche

Schnittmusterbogen I, ✲ schwarz

Die Hose

Versäubern Sie zunächst die Beinausschnitte. Dazu legen Sie einen Stoff- oder Schrägstreifen rechts auf rechts auf den Beinausschnitt und nähen entlang der Nählinien 1 und 2. Klappen Sie nun die Hosenteile rechts auf rechts zusammen, und nähen Sie entlang der Nählinien 3 und 4 die Seiten zusammen. Schlagen Sie den Hosenbund ein, versäubern ihn und ziehen ein Gummiband durch – Nählinie 5. Zur Verschönerung kann eine Spitze am Beinausschnitt und Bund angebracht werden.

Das Hemd

Dieses Hemd tragen in abgewandelter Form die Indianermädchen.
Versäubern Sie zunächst Hals- und Armausschnitte, indem Sie einen Stoff- oder Schrägstreifen rechts auf rechts auf Hals- und Armausschnitt legen und entlang der Nählinien 6, 7 und 8 nähen. Ebenso das Rückteil des Hemdchens einfassen. Zusätzlich kann hier noch eine Spitze aufgenäht werden. Nun legen Sie die versäuberten Teile rechts auf rechts und nähen entlang der Nählinie 9 die Schulternaht zu. Nun die Seitenteile schließen – Nählinie 10. Jetzt das Hemdchen unten noch versäubern – Nählinie 11.

Für jeden etwas ...

Praktische Gebrauchsbücher stehen Ihnen, lieber Leser, mit Rat und Information zur Seite, wenn es darum geht, Fragen des täglichen Lebens zu beantworten. Die hervorragende Sachkenntnis und die verständliche Sprache unserer Fachautoren sind ebenso selbstverständlich wie die sorgfältige Ausstattung unseres großen Buchprogramms. Damit bietet Ihnen der Falken-Verlag Bücher zum Lesen und Nachschlagen, mit denen Sie Ihr Leben aktiv und erfolgreich gestalten können.

(5088) Von J. Hochscheid u. L. Helger, 64 S., 49 Farbf., Pbd., DM 12.80, S 99.–

(5081) Von A. G. Eckert, 64 S., 50 Farbfotos, Pbd., DM 12.80, S 99.–

(5141) Von G. Belli, 64 S., 165 Farbfotos, Pbd., DM 12.80, S 99.–

(5136) Von H. Bielfeld, 64 S., 59 Farbabb., Pbd., DM 12.80, S 99.–

(5131) Von J. Rosenkranz, 64 S., 45 Farbfotos, Pbd., DM 12.80, S 99.–

(5044) Von I. Gabriel, 64 S., 53 Farbfotos, Pbd., DM 12.80, S 99.–

(5074) Von H. Gehring, 64 S., 110 Farbfotos, Pbd., DM 12.80, S 99.–

(5132) Von M. Haberer, 64 S., 70 Farbfotos, Pbd., DM 14.80, S 119.–

(5079) Von A. u. G. Eckert, 64 S., 50 Farbfotos, Pbd., DM 12.80, S 99.–

(5097) Von A. u. G. Eckert, 64 S., 45 Farbfotos, Pbd., DM 12.80, S 99.–

(5099) Von T. Hinz, 64 S., 168 Farbfotos, 21 Zeichn., Pbd., DM 12.80, S 98.–

(5111) Von G. Schoser, 96 S., 98 Farbfotos, 7 Zeichn., Pbd., DM 19.80, S 159.–

Falls durch besondere Umstände Preisänderungen notwendig werden, erfolgt Auftragserteilung zu dem bei der Lieferung gültigen Preis.

(0719) Von I. Kiskalt, 80 S., 320 Farbfotos, 12 Zeichnungen, kart., DM 19.80, S 159.–

(0726) Von A. Ott, 80 S., durchgehend vierfarbig, 101 Fotos, 51 Zeichnungen, kart., DM 19.80, S 159.–

(5134) Von H. Klaus, 64 S., 120 Farbfotos, 144 Zeichnungen, Pbd., DM 14.80, S 119.–

(5135) Von U. Werner, 64 S., 196 Farbfotos, 96 Zeichnungen, Pbd., DM 14.80, S 119.–

(5142) Von S. Oelwein-Schefczik, 64 S., 148 Farbfotos, 173 Zeichnungen, Pbd., DM 14.80, S 119.–

(4178) Von R. Weber, 208 S., 220 Farbfotos, 358 Zeichnungen, Pbd., DM 29.80, S. 239.–
Jedes Modell ist farbig abgebildet und Schritt für Schritt mit Schnittzeichnungen, Symbolschrift und Tips erläutert.

(4174) Von M. Bustorf-Hirsch, 136 S., 15 Farbtafeln, 47 Zeichnungen, kart., DM 14.80, S 119.–

(4166) Von E. Blome, 556 S., 40 Farbtafeln, Pbd., DM 19.80, S 159.–

(4148) Von A. u. G. Eckert, 160 S., 177 Farbfotos, Pbd., DM 24.80, S 198.–

(4162) Von M. Bustorf-Hirsch, K. Siegel, 144 S., 15 Farbtafeln, kart., DM 14.80, S 119.–

(4141) Von Alfred Berliner, 160 S., über 130 Farbfotos, DM 24.80, S 198.–

(4165) Von V. Müller, 160 S., 80 Farbfotos, Pbd., DM 24.80, S 198.–

Falls durch besondere Umstände Preisänderungen notwendig werden, erfolgt Auftragserteilung zu dem bei der Lieferung gültigen Preis.